"创新设计思维"
数字媒体与艺术设计类新形态丛书

U0265223

Premiere Pro CC

影视编辑 标准教程

微课版·第2版

互联网＋数字艺术教育研究院 ◎ 策划

周建国 王慧 ◎ 主编

焦建 陈晓刚 ◎ 副主编

人民邮电出版社

北京

图书在版编目（CIP）数据

Premiere Pro CC影视编辑标准教程：微课版 / 周建国，王慧主编. -- 2版. -- 北京：人民邮电出版社，2021.11（2024.6重印）
（"创新设计思维"数字媒体与艺术设计类新形态丛书）
ISBN 978-7-115-56216-6

Ⅰ. ①P… Ⅱ. ①周… ②王… Ⅲ. ①视频编辑软件—教材 Ⅳ. ①TN94

中国版本图书馆CIP数据核字(2021)第054482号

内 容 提 要

本书全面系统地介绍了 Premiere Pro CC 2019 的基础知识、基本操作方法及影视编辑技巧，包括数字视频，初识 Premiere，影视剪辑技术，视频转场效果，视频特效应用，调色、抠像与叠加，字幕与字幕特技，加入音频效果，文件输出，综合案例。

本书将案例融入软件功能的介绍过程中，力求通过课堂案例演练，使读者快速掌握软件的应用技巧；在学习基础知识和基本操作后，读者可通过课后习题实践，提高实际应用能力。在本书的最后一章，精心安排了专业设计公司的 4 个精彩案例，力求通过这些案例的解析，提高读者的艺术设计创意能力。

本书适合作为普通高等院校数字媒体艺术、计算机等相关专业的教材，也可作为相关人员的自学参考书。

♦ 主　　编　周建国　王　慧
　副 主 编　焦　建　陈晓刚
　责任编辑　许金霞
　责任印制　王　郁　马振武
♦ 人民邮电出版社出版发行　　北京市丰台区成寿寺路 11 号
　邮编　100164　电子邮件　315@ptpress.com.cn
　网址　https://www.ptpress.com.cn
　固安县铭成印刷有限公司印刷
♦ 开本：787×1092　1/16
　印张：17.5　　　　　　　2021 年 11 月第 2 版
　字数：479 千字　　　　　2024 年 6 月河北第 5 次印刷

定价：59.80 元

读者服务热线：(010)81055256　印装质量热线：(010)81055316
反盗版热线：(010)81055315
广告经营许可证：京东市监广登字 20170147 号

前言 FOREWORD

编写目的

Premiere 是由 Adobe 公司开发的影视编辑软件，它功能强大、易学易用，深受广大影视制作爱好者和影视后期编辑人员的喜爱，已经成为这一领域非常流行的软件。目前，我国很多本科院校的数字媒体艺术专业都将 Premiere 作为一门重要的专业课程。为了帮助本科院校的教师全面、系统地讲授这门课程，使学生能够熟练地使用 Premiere 来进行影视编辑，我们几位长期在本科院校从事 Premiere 教学的教师和专业影视制作公司经验丰富的设计师合作，共同编写了本书。

本书特点

本书按照"课堂案例—软件功能解析—课堂练习—课后习题"的思路编排内容，且在本书最后一章设置了专业设计公司的 4 个精彩案例，以帮助读者综合应用所学知识。

课堂案例：精心挑选课堂案例，通过对课堂案例的详细解析，读者能够快速掌握软件的基本操作，熟悉案例设计的基本思路。

软件功能解析：在对软件的基本操作有了一定的了解后，再通过对软件具体功能的详细解析，读者能够系统地掌握软件各功能的使用方法。

课堂练习和课后习题：为帮助读者巩固所学知识，本书设置了"课堂练习"以提升读者的设计能力，还设置了难度略有提升的"课后习题"，以拓展读者的实际应用能力。

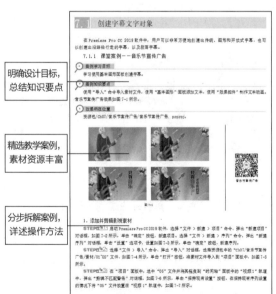

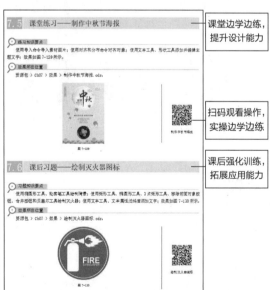

FOREWORD

学时安排

本书的参考学时为 60 学时，讲授环节为 32 学时，实训环节为 28 学时。各章的参考学时参见以下学时分配表。

章 节	课程内容	学 时 分 配/学 时	
		讲 授	实 训
第 1 章	数字视频	1	
第 2 章	初识 Premiere	2	
第 3 章	影视剪辑技术	4	4
第 4 章	视频转场效果	4	4
第 5 章	视频特效应用	4	4
第 6 章	调色、抠像与叠加	4	4
第 7 章	字幕与字幕特技	4	4
第 8 章	加入音频效果	4	4
第 9 章	文件输出	1	
第 10 章	综合案例	4	4
学 时 总 计/学 时		32	28

资源下载

为方便读者线下学习及教学，书中所有案例的微课视频、基础素材和效果文件，以及教学大纲、PPT 课件、教学教案等资料，读者可登录人邮教育社区（www.ryjiaoyu.com），在本书页面中免费下载使用。

 微课视频　　 基础素材　　 效果文件　　 教学大纲　　 PPT 课件　　 教学教案

致　谢

本书由互联网+数字艺术教育研究院策划，由周建国、王慧担任主编，焦建、陈晓刚担任副主编，相关专业制作公司的设计师为本书提供了很多精彩的商业案例，在此表示感谢。

编　者
2021 年 5 月

目录 / CONTENT

第1章 数字视频   1

1.1 数字视频基本概念   2
1.2 数字视频理论   2
   1.2.1 电视制式   2
   1.2.2 标清与高清   2
   1.2.3 2K 和 4K   3
   1.2.4 流媒体与移动流媒体   3
1.3 线性编辑与非线性编辑   4
   1.3.1 线性编辑   4
   1.3.2 非线性编辑   4
1.4 非线性编辑的基本工作流程   5

第2章 初识 Premiere   6

2.1 Premiere 的发展历史   7
2.2 Premiere 的概述   7
   2.2.1 认识用户操作界面   7
   2.2.2 熟悉"项目"面板   8
   2.2.3 认识"时间轴"面板   8
   2.2.4 认识"监视器"面板   9
   2.2.5 其他功能面板概述   12
   2.2.6 Premiere 菜单介绍   13
2.3 Premiere 的基本操作   13
   2.3.1 项目文件操作   13
   2.3.2 撤销与恢复操作   15
   2.3.3 设置自动保存   15
   2.3.4 导入素材   16
   2.3.5 解释素材   17
   2.3.6 改变素材名称   18
   2.3.7 利用素材库组织素材   18
   2.3.8 查找素材   18
   2.3.9 离线素材   19

第3章 影视剪辑技术   21

3.1 剪辑素材   22
   3.1.1 课堂案例——快乐假日赏析   22
   3.1.2 "监视器"面板中影片素材的显示   26
   3.1.3 在"源"监视器面板中播放素材   27
   3.1.4 在其他软件中打开素材   28
   3.1.5 剪裁素材   28
   3.1.6 设置标记点   36
3.2 分离素材   37
   3.2.1 课堂案例——健康生活宣传片   37
   3.2.2 切割素材   41
   3.2.3 插入和覆盖编辑   41
   3.2.4 提升和提取编辑   42
   3.2.5 粘贴素材   42
   3.2.6 链接和分离素材   43
3.3 群组素材   43
3.4 捕捉和上载视频   43
3.5 创建新元素   46
   3.5.1 课堂案例——篮球公园宣传片   46
   3.5.2 通用倒计时片头   50
   3.5.3 彩条和黑场   51
   3.5.4 彩色蒙版   52
   3.5.5 透明视频   52
3.6 课堂练习——都市生活展示   52
3.7 课后习题——璀璨烟火赏析   53

第4章 视频转场效果   54

4.1 转场特技设置   55
   4.1.1 课堂案例——时尚女孩电子相册   55
   4.1.2 使用镜头切换   58

CONTENT

4.1.3 调整切换区域 59
4.1.4 切换设置 60
4.1.5 设置默认切换 60
4.2 高级转场特技 61
4.2.1 课堂案例——美食创意混剪 61
4.2.2 3D 运动 65
4.2.3 划像 66
4.2.4 擦除 67
4.2.5 沉浸式视频 71
4.2.6 溶解 74
4.2.7 课堂案例——儿童成长电子相册 75
4.2.8 滑动 79
4.2.9 缩放 80
4.2.10 页面剥落 81
4.3 课堂练习——陶瓷艺术宣传片 81
4.4 课后习题——自驾网宣传片 82

第5章 视频特效应用 83

5.1 应用视频特效 84
5.2 使用关键帧控制效果 84
5.2.1 课堂案例——涂鸦女孩电子相册 84
5.2.2 关于关键帧 88
5.2.3 激活关键帧 88
5.3 视频特效与特效操作 88
5.3.1 课堂案例——峡谷风光创意写真 88
5.3.2 变换特效 92
5.3.3 实用程序 93
5.3.4 扭曲特效 93
5.3.5 时间特效 99
5.3.6 杂色与颗粒特效 100
5.3.7 课堂案例——街头艺人写真 103
5.3.8 模糊与锐化特效 105
5.3.9 沉浸式特效 108
5.3.10 生成特效 112
5.3.11 视频特效 117
5.3.12 过渡特效 118
5.3.13 透视特效 120
5.3.14 通道特效 123

5.3.15 课堂案例——跨越梦想创意赏析 126
5.3.16 风格化特效 131
5.4 课堂练习——起飞准备工作赏析 136
5.5 课后习题——健康出行宣传片 137

第6章 调色、抠像与叠加 138

6.1 视频调色技术 139
6.1.1 课堂案例——怀旧老电影赏析 139
6.1.2 图像控制特效 141
6.1.3 课堂案例——古风美景赏析 143
6.1.4 调整特效 147
6.1.5 过时特效 149
6.1.6 课堂练习——海滨城市写真 154
6.1.7 颜色校正特效 159
6.2 抠像及叠加技术 163
6.2.1 课堂练习——淡彩铅笔画赏析 163
6.2.2 合成简介 168
6.2.3 合成视频 169
6.2.4 课堂练习——折纸世界栏目片头 170
6.2.5 抠像技术 173
6.3 课堂练习——情趣生活赏析 175
6.4 课后习题——美好生活赏析 176

第7章 字幕与字幕特技 177

7.1 创建字幕对象 178
7.1.1 课堂案例——音乐节宣传广告 178
7.1.2 创建传统字幕 183
7.1.3 创建图形字幕 185
7.1.4 创建开放式字幕 186
7.1.5 创建路径字幕 188
7.1.6 创建段落字幕 190
7.2 编辑与修饰字幕 191
7.2.1 课堂案例——化妆品宣传广告 191
7.2.2 编辑字幕 197
7.2.3 设置字幕属性 200
7.3 创建运动字幕 202

CONTENT

7.3.1 制作垂直滚动字幕   202
7.3.2 制作横向游动字幕   203
7.4 课堂练习——特惠促销宣传片头   204
7.5 课后习题——夏季女装上新广告   205

第8章 加入音频效果   206

8.1 关于音频效果   207
8.2 使用"音轨混合器"调节音频   208
   8.2.1 认识"音轨混合器"面板   208
   8.2.2 设置"音轨混合器"面板   209
8.3 调节音频   210
   8.3.1 课堂案例——休闲生活赏析   210
   8.3.2 使用淡化器调节音频   213
   8.3.3 实时调节音频   213
8.4 使用"时间轴"面板合成音频   214
   8.4.1 课堂案例——时尚音乐宣传片   214
   8.4.2 调整音频持续时间和速度   218
   8.4.3 音频增益   218
8.5 分离和链接视音频   219
8.6 添加音频效果   219
   8.6.1 课堂案例——动物世界宣传片   220
   8.6.2 为素材添加效果   225
   8.6.3 设置轨道效果   225
8.7 课堂练习——个性女装展示   226
8.8 课后习题——影视创意混剪   226

第9章 文件输出   228

9.1 可输出的文件格式   229
   9.1.1 可输出的视频格式   229
   9.1.2 可输出的音频格式   229
   9.1.3 可输出的图像格式   229
9.2 影片项目的预演   229

   9.2.1 影片实时预演   229
   9.2.2 生成影片预演   230
9.3 输出参数的设置   231
   9.3.1 输出选项   231
   9.3.2 "视频"选项区域   233
   9.3.3 "音频"选项区域   234
9.4 渲染输出各种格式文件   234
   9.4.1 输出单帧图像   234
   9.4.2 输出音频文件   235
   9.4.3 输出整个影片   236
   9.4.4 输出静态图片序列   236

第10章 综合案例   238

10.1 烹饪节目包装   239
   10.1.1 案例分析   239
   10.1.2 案例设计   239
   10.1.3 案例制作   239
10.2 运动产品广告   247
   10.2.1 案例分析   247
   10.2.2 案例设计   248
   10.2.3 案例制作   248
10.3 音乐歌曲MV   256
   10.3.1 案例分析   256
   10.3.2 案例设计   256
   10.3.3 案例制作   256
10.4 环保宣传片   265
   10.4.1 案例分析   265
   10.4.2 案例设计   265
   10.4.3 案例制作   265
10.5 课堂练习——玩具城纪录片   272
10.6 课后习题——儿童电子相册   272

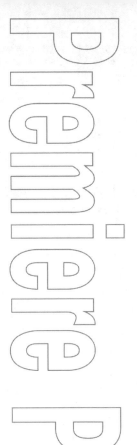

Chapter

1

第 1 章
数字视频

本章对数字视频的基本概念、理论以及线性编辑与非线性编辑进行详细讲解。通过对本章的学习，读者可以快速了解数字视频的基础知识，为后续章节的学习打下基础。

课堂学习目标

- 了解数字视频的基本概念和理论
- 了解线性编辑与非线性编辑
- 了解非线性编辑的基本工作流程

1.1 数字视频基本概念

数字视频就是以数字形式记录的视频，和模拟视频相对。数字视频有不同的产生方式、存储方式和播出方式。如通过数字摄像机直接产生数字视频信号，存储在数字带、P2 卡、资源包或者磁盘上，从而得到不同格式的数字视频，并通过 PC、特定的播放器播放出来。

数字视频系统的基础是模拟视频系统。为了存储视觉信息，模拟视频信号的山峰和山谷必须通过模拟/数字（A/D）转换器转变为"0"或"1"，这个转变过程就是视频捕捉（或采集过程）。如果要在电视机上观看数字视频，则需要一个从数字到模拟的转换器将二进制信息解码成模拟信号。

模拟视频的数字化包括不少技术问题：电视信号具有不同的制式而且采用复合的 YUV 信号方式，而计算机工作在 RGB 空间；电视机是隔行扫描，计算机显示器大多逐行扫描；电视图像的分辨率与显示器的分辨率也不尽相同等。因此，模拟视频的数字化主要包括色彩空间的转换、光栅扫描的转换以及分辨率的统一。

模拟视频一般采用分量数字化方式，先把复合视频信号中的亮度和色度分离，得到 YUV 或 YIQ 分量，然后用 3 个模拟/数字转换器分别对 3 个分量进行数字化，最后转换成 RGB 空间。

1.2 数字视频理论

1.2.1 电视制式

目前全世界正在使用的有 3 种电视制式，分别是 NTSC（National Television System Committee）、PAL（Phase Alternation Line System）和 SECAM（Sequential Color and Memory System），如表 1-1 所示，这 3 种制式之间存在一定的差异。在各个地区购买的摄像机或电视机，以及其他的一些视频设备，都会根据当地的标准来制造。不过，如果要制作在国际上使用的内容，或者想在作品上插入外国制作的内容，就必须考虑到制式的问题。虽然各种制式可以相互转换，但因为存在帧频和分辨率的差异，在品质方面会存在一定的问题。SECAM 制式只能用于电视，使用 SECAM 制式电视机的国家都使用 PAL 制式的摄像机和数字设备。在这里要特别注意视频制式与录像磁带制式的不同。例如，VHS 制式的视频可以被录制成 NTSC 或者 PAL 制式的视频形式。

表 1-1　电视制式和典型连接方式

播放制式	国家	水平线	帧频
NTSC	美国、加拿大、日本、韩国等	525 线	29.97 帧/秒
PAL	澳大利亚、中国、欧洲国家、拉美地区国家等	625 线	25 帧/秒
SECAM	法国、中东地区国家、非洲大部分国家等	625 线	25 帧/秒

1.2.2 标清与高清

标清是物理分辨率在 720p 以下的一种视频格式。720p 是指视频的垂直分辨率为 720 线逐行扫描。具体地说，分辨率在 400 线左右的 VCD、DVD、电视节目等"标清"视频格式，即为标准清晰度。

720p 是美国电影电视工程师协会（SMPTE）制定的高等级高清数字电视的格式标准，有效显示格式为 1280p×720p，行频为 45 kHz。SMPTE 将高清数字电视扫描线分为 1080p、1080i、720p（i 是 interlace，隔行的意思；p 是 progressive，逐行的意思）。720p 是一种在逐行扫描下达到 1280p×720p 分辨率的显示格式，是数字电影成像技术和计算机技术的融合。

对于"高清"和"标清"的划分首先来自所能看到的视频效果。根据图像质量和信道传输所占的带宽不同，数字电视信号分为 HDTV（高清晰度电视）、SDTV（标准清晰度电视）和 LDTV（普通清晰度电视）。从视觉效果来看，HDTV 的规格最高，其图像质量可达到或接近 35 mm 宽银幕电影的水平，它要求视频内容和显示设备水平分辨率达到 1000 线以上，分辨率最高可达 1920p×1080p。从画质来看，由于高清的分辨率基本上相当于传统模拟电视的 4 倍，画面清晰度、色彩还原度都要远高于传统电视。而 16∶9 的宽屏显示也给用户带来更宽广的视觉享受。从音频效果看，高清电视节目支持杜比 5.1 声道环绕声，而高清影片支持杜比 5.1 True HD 规格，给用户带来超震撼的听觉享受。

1.2.3　2K 和 4K

2K 和 4K 是在高清的标准之上的数字视频格式。2K 图像是由 2048×1080 个像素构成的，其中 2048 表示水平方向的像素数，1080 表示垂直方向的像素数；4K 图像是由 4096×2160 个像素构成的，其中 4096 表示水平方向的像素数，2160 表示垂直方向的像素数。在实际的数字母版制作和数字放映中，还需根据不同的画幅宽高比来对图像水平方向或垂直方向的像素数进行调整。

4K 级别的分辨率可提供 880 多万像素，实现电影级的画质，比当前顶级的 1080 p 分辨率的 4 倍还多。当然超高清的代价也是不菲的，每一帧的数据量都达到了 50 MB，因此无论解码播放还是编辑都需要顶级配置的机器。

1.2.4　流媒体与移动流媒体

1. 流媒体

流媒体指在 Internet 中使用流式传输技术的连续时基媒体，如音频、视频或多媒体文件。流媒体在播放前并不下载整个文件，只将开始部分的内容存入内存，数据流随时传送随时播放，只是在开始时有一些延迟。流媒体实现的关键技术就是流式传输。

流式传输的定义很广泛，主要指通过网络传送媒体，其特定含义为通过 Internet 将影视节目传送到 PC。实现流式传输的方法有两种：顺序流式传输和实时流式传输。顺序流式传输是顺序下载，在下载文件的同时用户可观看在线媒体，但在给定时刻只能观看已下载的那部分，而不能跳到还未下载的部分，在传输期间不根据连接的速度对下载顺序做调整。实时流式传输指保证媒体信号带宽与网络连接匹配，使媒体可被实时观看到。实时流式传输根据网络情况调整输出视音频的质量从而实现媒体的持续实时传送，可快进或后退以观看前面或后面的内容。

目前主流的流媒体格式有 Flash Video、Windows Media 和 QuickTime。使用带有解码器的播放器可以到其相应的主页或各种带有流媒体的网站在线播放流媒体。使用最新版的播放器可以在线观看高清流媒体视频节目。

2. 移动流媒体

采用 Symbian、Windows Phone、Android、iOS 等系统的手机越来越多，这些智能手机除了能完成日常通信外，还能通过下载流媒体播放器实现流媒体播放。这种在移动设备上实现的视频播放功能就是移动流媒体。移动流媒体播放的视频一般是以 rtsp//:开头的，播放格式是 3GP 格式。

1.3 线性编辑与非线性编辑

1.3.1 线性编辑

线性编辑就是需要按时间顺序从头至尾进行编辑的节目制作方式。这种编辑方式要求编辑人员首先编辑素材的第一个镜头，最后编辑结尾的镜头。编辑人员必须对一系列镜头的组接做出确切的判断，事先构思好，因为一旦编辑完成，就不能轻易改变这些镜头的组接顺序。对编辑带的任何改动，都会直接影响记录在编辑带上的信号，从改动点直至结尾的所有部分都将受到影响，需要重新编一次或者进行复制。新闻片制作、现场直播和现场直录宜选用线性编辑。

1. 优点

线性编辑的优点如下。

- 可以很好地保护原来的素材，能多次使用；
- 不损伤磁带，能发挥磁带随意录、随意抹去的特点，降低制作成本；
- 能同步保持与控制信号的连续性，组接平稳，不会出现不连续、图像跳闪的现象；
- 可以迅速而准确地找到最适当的编辑点，正式编辑前可预先检查，编辑后可立刻观看编辑效果，发现不妥可马上修改；
- 声音与图像可以做到完全吻合，还可分别进行各自修改。

2. 缺点

线性编辑的缺点如下。

- 素材不能做到随机存取，选择素材浪费时间，影响编辑效率；
- 模拟信号经多次复制，衰减严重，声画质量降低；
- 难以对半成品完成随意插入或删除等操作；
- 所需设备较多，安装调试较为复杂；
- 较为生硬的人机界面限制制作人员创造性的发挥。

1.3.2 非线性编辑

非线性编辑系统是指把输入的各种视音频信号进行模拟/数字转换，采用数字压缩技术将其存入计算机硬盘中；也就是使用硬盘作为存储介质，记录数字化的视音频信号，在 1/25s（PAL）内完成任意一幅画面的随机读取和存储，实现视音频编辑的非线性。复杂的制作宜选用非线性编辑。

1. 优点

非线性编辑的优点如下。

- 无论如何处理或者编辑，信号质量都始终如一；
- 素材的搜索极其容易，可自由组合特技方式，提高了制作水平；
- 后期制作所需的设备降至最少，有效地节约了投资，大大延长了录像机的寿命；
- 易于升级，支持许多第三方的硬件、软件；
- 可充分利用网络传输数码视频，实现资源共享。

2. 缺点

非线性编辑的缺点如下。

- 系统的操作与传统不同，专业性强；
- 受硬盘容量限制，记录内容有限；
- 实时制作受到技术制约，特技等内容不能太复杂；
- 图像信号压缩有损失；
- 需预先把素材导入非线性编辑系统中。

1.4　非线性编辑的基本工作流程

任何非线性编辑的工作流程，都可以简单地看成输入、编辑、输出 3 个步骤。当然由于不同软件功能的差异，其使用流程还可以进一步细化。以 Premiere Pro 为例，其使用流程主要分成以下 5 个步骤。

1. 素材采集与输入

采集就是利用 Premiere Pro 将模拟视频、音频信号转换成数字信号存储到计算机中，或者将外部的数字视频存储到计算机中，成为可处理的素材。输入主要是把其他软件处理过的图像、声音等文件导入 Premiere Pro 中。

2. 素材编辑

素材编辑就是设置素材的入点与出点，以选择最合适的部分，然后按时间顺序组接不同素材的过程。

3. 特技处理

对于视频素材，特技处理包括转场、特效、合成叠加。对于音频素材，特技处理包括转场、特效。令人震撼的画面效果，就是在这一过程中产生的。而非线性编辑软件功能的强弱，往往也体现在这方面。配合某些硬件，Premiere Pro 还能够实现特技播放。

4. 字幕制作

字幕是节目中非常重要的部分，它包括文字和图形两个方面。在 Premiere Pro 中制作字幕很方便，几乎没有用户无法实现的效果，并且还有大量的模板可以选择。

5. 输出和生成

节目编辑完成后，就可以输出回录到录像带上；也可以生成视频文件，发布到网上、刻录 VCD 和 DVD 等。

Chapter

2

第 2 章
初识 Premiere

本章主要对 Premiere 的各种面板、菜单和基本操作进行详细讲解。通过对本章的学习，读者可以快速了解并掌握 Premiere 的入门知识，为后续章节的学习打下坚实的基础。

课堂学习目标

- 了解 Premiere 的发展历史
- 熟悉 Premiere 的用户操作界面、各种面板和菜单
- 掌握 Premiere 的基本操作

2.1 Premiere 的发展历史

　　Premiere 最早是 Adobe 公司开发的视频编辑软件，经历了十几年的发展，被业界广泛认可，成为数字视频领域普及程度很高的编辑软件。

　　1993 年，Adobe 公司推出了 Premiere 的早期版本 Premiere for Windows。那时的 Premiere 功能十分简单，只有两个视频轨道和一个立体声音频轨道。随着奔腾处理器的出现，PC 的性能也随之发展，1995 年 6 月，Adobe 公司推出了 Premiere for Windows 3.0，Premiere for Windows 3.0 版本实现了很多专业非编辑软件的功能。为了巩固 Premiere 的低端市场并力求占领高端市场，Adobe 公司于 2003 年 7 月发布了 Premiere 的第 7 个版本——Premiere Pro，相对以前的版本来说是革命性的进步。Premiere Pro 将之前的 A/B 轨编辑模式变为更加专业的音轨编辑模式，并实现序列嵌套，还加入了新的色彩校正系统和强大的音频控制系统等高级功能。2013 年，Creative Cloud 版本问世，Premiere Pro CC 作为 Creative Cloud 中的一个组件，可以单独使用，也可配合其他组件形成一整套工作流，并首次支持中文版本。本书以 Adobe Premiere Pro CC 2019 为例讲解软件的应用。

2.2 Premiere 的概述

　　在启动 Premiere Pro CC 2019 软件后，用户可能会对工作窗口或面板感到束手无策。本节将对用户操作界面、"项目"面板、"时间轴"面板、"监视器"面板和其他功能面板进行详细讲解。

2.2.1 认识用户操作界面

　　Premiere Pro CC 2019 用户操作界面如图 2-1 所示。

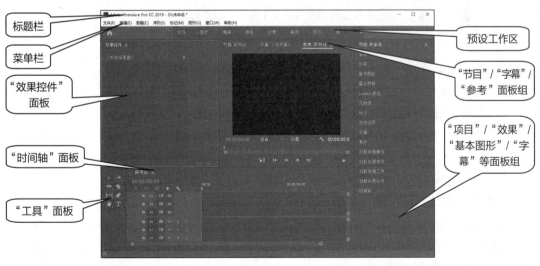

图 2-1

　　从图 2-1 中可以看出，Premiere Pro CC 2019 的用户操作界面由标题栏、菜单栏、"效果控件"面板、"时间轴"面板、"工具"面板、预设工作区、"节目"/"字幕"/"参考"面板组、"项目"/"效果"/

"基本图形"/"字幕"等面板组构成。

2.2.2 熟悉"项目"面板

"项目"面板主要用于输入、组织和存放供"时间轴"面板编辑合成的原始素材，如图 2-2 所示。按 Ctrl+Page Up 组合键，可以切换到列表的状态，如图 2-3 所示。单击"项目"面板右上方的 ▤ 按钮，在弹出的菜单中可以选择面板及相关功能的显示/隐藏方式，如图 2-4 所示。

图 2-2　　　　　　　　　　　　图 2-3　　　　　　　　　　　　图 2-4

在图标状态时，将光标置于视频图标上左右移动，可以查看不同时间点的视频内容。

在列表状态时，可以查看素材的基本属性，包括素材的名称、媒体格式、视音频信息、数据量等。

在"项目"面板下方的工具栏中共有 10 个功能按钮，从左至右分别为"项目可写"按钮 ▦/"项目只读"按钮 ▦、"列表视图"按钮 ▤、"图标视图"按钮 ▦、"调整图标和缩览图的大小"滑动条 ○━━━、"排序图标"按钮 ▤▾、"自动匹配序列"按钮 ▦、"查找"按钮 ○、"新建素材箱"按钮 ▢、"新建项"按钮 ▣ 和"清除"按钮 ▥。各按钮的含义如下。

"项目可写"按钮 ▦/"项目只读"按钮 ▦：单击此按钮可以将项目窗口显示为可写或只读模式。

"列表视图"按钮 ▤：单击此按钮可以将素材窗中的素材以列表形式显示。

"图标视图"按钮 ▦：单击此按钮可以将素材窗中的素材以图标形式显示。

"调整图标和缩览图的大小"滑动条 ○━━━：拖曳此按钮可以将项目窗口中的图标和缩览图放大或缩小。

"排序图标"按钮 ▤▾：单击此按钮，可在图标状态下根据不同的方式对项目素材进行排序。

"自动匹配序列"按钮 ▦：单击此按钮可以将素材自动调整到时间轴。

"查找"按钮 ○：单击此按钮可以按提示快速查找素材。

"新建素材箱"按钮 ▢：单击此按钮可以新建文件夹以便管理素材。

"新建项"按钮 ▣：单击此按钮可以为素材添加分类，以便更有序地进行管理。

"清除"按钮 ▥：选中不需要的文件，单击此按钮，即可将其删除。

2.2.3 认识"时间轴"面板

"时间轴"面板是 Premiere Pro CC 2019 的核心部分，在编辑影片的过程中，大部分工作都是在"时间轴"面板中完成的。通过"时间轴"面板，用户可以轻松实现对素材的剪辑、插入、复制、粘贴、修整等操作，如图 2-5 所示。

"将序列作为嵌套或个别剪辑插入并覆盖"按钮 ╪：单击此按钮，可以将序列作为一个嵌套或个别的剪辑文件插入"时间轴"面板并覆盖文件。

"对齐"按钮 ⌒：单击此按钮可以启动吸附功能，这时在"时间轴"面板中拖动素材，素材将自动吸附到邻近素材的边缘。

"链接选择项目"按钮 ：单击此按钮，可以链接所有开放序列。

"添加标记"按钮 ：单击此按钮，可以在当前帧的位置上设置标记。

"时间轴显示设置"按钮 ：单击此按钮，可以设置"时间轴"面板的显示选项。

"切换轨道锁定"按钮 ：单击此按钮，当按钮变成 时，当前的轨道被锁定，处于不能编辑状态；当按钮变成 时，可以操作该轨道。

"切换同步锁定"按钮 ：默认为启用状态，当使用插入、波纹删除或波纹剪辑操作时，编辑点右侧的内容会发生移动。

"切换轨道输出"按钮 ：单击此按钮，可以设置是否在监视窗口中显示该影片。

"静音轨道"按钮 ：激活该按钮，可以静音，反之则是播放声音。

"独奏轨道"按钮 ：激活该按钮，可以设置独奏轨道。

"折叠/展开轨道"：双击右侧的空白区域或滚动鼠标滑轮，可以隐藏/展开视频轨道工具栏或音频轨道工具栏。

"显示关键帧"按钮 ：单击此按钮，可以选择显示当前关键帧的方式。

"转到下一关键帧"按钮 ：设置时间指针定位在被选素材轨道的下一个关键帧上。

"添加/移除关键帧"按钮 ：在时间指针所处的位置上，或在轨道中被选素材的当前位置上添加/移除关键帧。

"转到前一个关键帧"按钮 ：设置时间指针定位在被选素材轨道的上一个关键帧上。

滑块 ：放大/缩小轨道中素材的显示。

时间码 00:00:00:00 ：在这里显示播放影片的进度。

序列名称：单击相应的标签可以在不同的节目间相互切换。

轨道面板：对轨道的退缩、锁定等参数进行设置。

时间标尺：对剪辑的组进行时间定位。

窗口菜单：对时间单位及剪辑参数进行设置。

视频轨道：为影片进行视频剪辑的轨道。

音频轨道：为影片进行音频剪辑的轨道。

图 2-5

2.2.4　认识"监视器"面板

"监视器"面板分为"源"监视器面板和"节目"监视器面板，分别如图 2-6 和图 2-7 所示，所有已编辑或未编辑的影片片段都在此面板中显示效果。

图 2-6

图 2-7

"添加标记"按钮 ♥：设置影片片段未编号标记。

"标记入点"按钮 {：设置当前影片位置的起始点。

"标记出点"按钮 }：设置当前影片位置的结束点。

"转到入点"按钮 |←：单击此按钮，可将时间标记 ▌移到起始点位置。

"后退一帧（左侧）"按钮 ◁|：此按钮是对素材进行逐帧倒播的控制按钮，每单击一次该按钮，播放就会后退一帧，按住 Shift 键的同时单击此按钮，则每次后退 5 帧。

"播放/停止切换"按钮 ▷ / ■：控制"监视器"面板中素材的时候，单击此按钮会从"监视器"面板中时间标记 ▌的当前位置开始播放；在"节目"监视器面板中，在播放时按 J 键可以进行倒播。

"前进一帧（右侧）"按钮 |▷：此按钮是对素材进行逐帧播放的控制按钮。每单击一次该按钮，播放就会前进 1 帧，按住 Shift 键的同时单击此按钮，则每次前进 5 帧。

"转到出点"按钮 →|：单击此按钮，可将时间标记 ▌移到结束点位置。

"插入"按钮 ⊞：单击此按钮，当插入一段影片时，重叠的片段将后移。

"覆盖"按钮 ⊟：单击此按钮，当插入一段影片时，重叠的片段将被覆盖。

"提升"按钮 ⊞：将轨道上入点与出点之间的内容删除，删除之后仍然留有空间。

"提取"按钮 ⊟：将轨道上入点与出点之间的内容删除，删除之后不留空间，后面的素材会自动连接前面的素材。

"导出帧"按钮 ⊙：可导出一帧的影视画面。

"比较视图"按钮 ⊞：可以进入比较视图模式观看视图。

分别单击"源"面板和"节目"面板右下方的"按钮编辑器"按钮 ✚，将弹出图 2-8 和图 2-9 所示的面板。面板中包含一些已有和未显示的按钮。

图 2-8

图 2-9

"清除入点"按钮 ⌐：清除设置的标记入点。

"清除出点"按钮 ：清除设置的标记出点。

"从入点到出点播放视频"按钮 ：单击此按钮，在播放素材时只在定义的入点与出点之间播放素材。

"转到下一标记"按钮 ：调整时差滑块移动到当前位置的下一个标记处。

"转到上一标记"按钮 ：调整时差滑块移动到当前位置的上一个标记处。

"播放邻近区域"按钮 ：单击此按钮，将播放时间标记 的当前位置前后 2 秒的内容。

"循环"按钮 ：控制循环播放的按钮。单击此按钮，"监视器"面板就会不断循环播放素材，直至按下停止按钮。

"安全边距"按钮 ：单击该按钮为影片设置安全边界线，以防影片画面太大使播放不完整，再次单击可隐藏安全线。

"隐藏字幕显示"按钮 ：可隐藏字幕显示效果。

"切换代理"按钮 ：单击此按钮，可以在本机格式和代理格式之间切换。

"切换 VR 视频显示"按钮 ：单击此按钮，可以快速切换到 VR 视频显示。

"切换多机位视图"按钮 ：打开/关闭多机位视图。

"转到下一个编辑点"按钮 ：表示转到同一轨道上当前编辑点的下一个编辑点。

"转到上一个编辑点"按钮 ：表示转到同一轨道上当前编辑点的上一个编辑点。

"多机位录制开/关"按钮 ：多机位录制的开/关。

"还原裁剪对话"按钮 ：可以还原裁剪的对话。

"全局 FX 静音"按钮 ：单击此按钮，可以打开/关闭所有视频效果。

"贴靠图形"按钮 ：单击此按钮，可以贴靠绘制的图形。

可以直接将面板中需要的按钮拖曳到下面的显示框中，如图 2-10 所示，松开鼠标，按钮将被添加到面板中，如图 2-11 所示。单击"确定"按钮，所选按钮都显示在面板中了，如图 2-12 所示。可以用相同的方法添加多个按钮，如图 2-13 所示。

图 2-10

图 2-11

图 2-12

图 2-13

若要恢复默认的布局，再次单击面板右下方的"按钮编辑器"按钮➕，在弹出的面板中选择"重置布局"按钮，再单击"确定"按钮，即可恢复。

2.2.5 其他功能面板概述

除了以上介绍的面板，在 Premiere Pro CC 2019 中还提供了其他一些方便编辑操作的功能面板，下面逐一进行介绍。

1."效果"面板

"效果"面板存放着 Premiere Pro CC 2019 自带的各种音频、视频效果和预设的特效。这些效果按照功能分为六大类，包括预设、Lumetri 预设、音频效果、音频过渡、视频效果及视频过渡，每一大类又按照效果细分为很多小类，如图 2-14 所示。用户安装的第三方特效插件也将出现在该面板的相应类别文件中。

2."效果控件"面板

"效果控件"面板主要用于控制对象的运动、不透明度、切换及特效等设置，还可以添加关键帧，如图 2-15 所示。

3."音轨混合器"面板

"音轨混合器"面板可以更加有效地调节项目的音频，可以实时混合各轨道的音频对象，如图 2-16 所示。

图 2-14

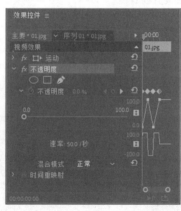
图 2-15

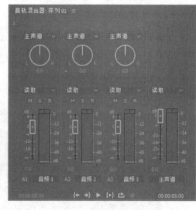
图 2-16

4."历史记录"面板

"历史记录"面板可以记录用户从建立项目开始进行的所有操作。如果在执行了错误操作后单击该面板中相应的命令，即可撤销错误操作并重新返回到错误操作之前的某一个状态，如图 2-17 所示。

5."信息"面板

在 Premiere Pro CC 2019 中，"信息"面板作为一个独立面板显示，其主要功能是集中显示所选素材对象的各项信息。不同对象的"信息"面板的内容也不相同，如图 2-18 所示。

在默认设置下，"信息"面板是空白的。如果在"时间轴"面板中放入一个素材并选中它，"信息"面板将显示选中素材的信息。如果有过渡，则显示过渡的信息；如果选定的是一段视频素材，"信息"面板将显示该素材的类型、视频（帧速率、帧大小和像素

图 2-17

长宽比）、音频（采样率、位深度和通道）、磁带入点、出点、持续时间等。

6. "工具"面板

"工具"面板主要用来对时间轴中的音频、视频等内容进行编辑，如图 2-19 所示。

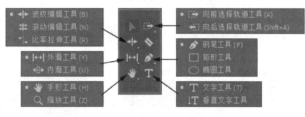

图 2-18   图 2-19

2.2.6 Premiere 菜单介绍

Premiere Pro CC 2019 的用户操作界面中有 8 个菜单，即"文件"菜单、"编辑"菜单、"剪辑"菜单、"序列"菜单、"标记"菜单、"图形"菜单、"窗口"菜单和"帮助"菜单。

"文件"菜单主要用于新建、打开、保存、导入、导出、设置序列、采集视频、采集音频、观看影片属性、打印内容等操作。

"编辑"菜单主要用于复制、粘贴、剪切、撤销、清除等操作。

"剪辑"菜单中包括插入、覆盖、替换素材、自动匹配序列、编组、链接视音频等剪辑影片命令。

"序列"菜单主要用于在"时间轴"面板中对项目片段进行编辑、管理和设置轨道属性等操作。

"标记"菜单主要用于对"时间轴"面板中的素材标记和监视器中的素材标记进行编辑处理。

"图形"菜单主要用于新建和选择文本与图形。

"窗口"菜单主要用于管理工作区域的各个窗口，包括工作区、"历史记录"面板、"工具"面板、"效果"面板、"源"监视器面板、"效果控件"面板、"节目"监视器面板和"项目"面板等。

"帮助"菜单主要用于帮助用户解决遇到的问题。

2.3 Premiere 的基本操作

本节将详细讲解 Premiere 的基本操作，如项目文件操作、撤销与恢复操作、设置自动保存、导入素材、解释素材、改变素材名称、利用素材库组织素材、查找素材、离线素材等。这些基本操作对于后期制作至关重要。

2.3.1 项目文件操作

1. 新建项目文件

STEP 1 选择"开始 > 所有程序 > Adobe Premiere Pro CC 2019"命令，或双击桌面上的 Adobe Premiere Pro CC 2019 快捷图标，打开软件。

STEP 2 选择"文件 > 新建 > 项目"命令，或按 Ctrl+Alt+N 组合键，弹出"新建项目"对话框，如图 2-20 所示。在"名称"选项的文本框中设置项目名称。单击"位置"选项右侧的 浏览 按钮，在弹出的对话框中选择项目文件保存路径。在"常规"选项卡中设置视频渲染和回放的参数、视频格式、音频格式及捕捉格式等，在"暂存盘"选项卡中设置捕捉的视频、视频预览、音频预览、项目自动保存等的暂存路径，在"收录设置"选项卡中设置收录选项。单击"确定"按钮，即可创建一个新的项目文件。

STEP 3 选择"文件 > 新建 > 序列"命令，或按 Ctrl+N 组合键，弹出"新建序列"对话框，如图 2-21 所示，在"序列预设"选项卡中选择项目文件格式，如"DV-PAL"制式下的"标准 48kHz"，在右侧的"预设描述"选项区域中将列出相应的项目信息。在"设置"选项卡中可以设置编辑模式、时基、视频帧大小、像素长宽比、音频采样率等信息。"轨道"选项卡中可以设置视音频轨道的相关信息。"VR 视频"选项卡中可以设置 VR 属性。单击"确定"按钮，即可创建一个新的序列。

图 2-20 　　　　　　　　　　　　　　　　　图 2-21

2. 打开现有项目文件

选择"文件 > 打开项目"命令，或按 Ctrl+O 组合键，在弹出的对话框中选择需要打开的项目文件，如图 2-22 所示，单击"打开"按钮，即可打开已选择的项目文件。

图 2-22

选择"文件 > 打开最近使用的内容"命令，在其子菜单中选择需要打开的项目文件，如图 2-23 所示，即可打开所选的项目文件。

3．保存项目文件

刚启动 Premiere Pro CC 2019 软件时，系统会提示用户先保存一个设置了参数的项目，因此，对于编辑过的项目，直接选择"文件 > 保存"命令或按 Ctrl+S 组合键，即可直接保存。另外，系统还会隔一段时间自动保存一次项目。

选择"文件 > 另存为"命令（或按 Ctrl+Shift+S 组合键），或者选择"文件 > 保存副本"命令（或按 Ctrl+Alt+S 组合键），弹出"保存项目"对话框，设置完成后，单击"保存"按钮，可以保存项目文件的副本。

4．关闭项目文件

选择"文件 > 关闭项目"命令，即可关闭当前项目文件。如果对当前文件做了修改却尚未保存，系统将会弹出图 2-24 所示的提示对话框，询问是否要保存对该项目文件所做的修改。单击"是"按钮，保存项目文件；单击"否"按钮，则不保存文件并直接退出项目文件。

图 2-23

图 2-24

2.3.2 撤销与恢复操作

通常情况下，一个完整的项目需要经过反复调整、修改与比较才能完成，因此，Premiere Pro CC 2019 为用户提供了"撤销"与"重做"命令。

在编辑视频或音频时，如果用户的上一步操作是错误的，或对操作得到的效果不满意，选择"编辑 > 撤销"命令即可撤销该操作，如果连续选择此命令，则可连续撤销前面的多步操作。

如果要取消撤销操作，可选择"编辑 > 重做"命令。例如，删除一个素材，通过"撤销"命令来撤销操作后，如果还想将这些素材片段删除，则选择"编辑 > 重做"命令即可。

2.3.3 设置自动保存

设置自动保存功能的具体操作步骤如下。

STEP 1 选择"编辑 > 首选项 > 自动保存"命令，弹出"首选项"对话框，如图 2-25 所示。

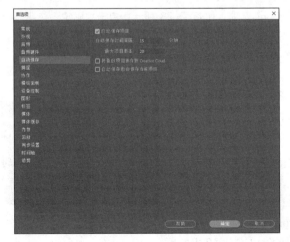

图 2-25

STEP 2 在"首选项"对话框的"自动保存"选项区域中，根据需要设置"自动保存时间间隔"及"最大项目版本"的数值，如在"自动保存时间间隔"文本框中输入20，在"最大项目版本"文本框中输入5，即表示每隔20分将自动保存一次，而且只存储最后5次存盘的项目文件。

STEP 3 设置完成后，单击"确定"按钮退出对话框，返回到工作界面。这样，在以后的编辑过程中，系统会按照设置的参数自动保存文件，用户就不必担心由于意外而造成工作数据的丢失。

2.3.4 导入素材

Premiere Pro CC 2019 支持大部分主流的视频、音频及图像文件格式，一般的导入方式为选择"文件 > 导入"命令，在"导入"对话框中选择所需要的文件格式和文件即可，如图 2-26 所示。

1. 导入图层文件

以素材的方式导入图层的设置方法为：选择"文件 > 导入"命令，在"导入"对话框中选择 Photoshop、Illustrator 等含有图层的文件格式，选择需要导入的文件，单击"打开"按钮，会弹出图 2-27 所示的提示对话框。

图 2-26　　　　　　　　　　　　　　　　图 2-27

"导入分层文件"用于设置 PSD 图层素材导入的方式。可选择"合并所有图层""合并图层""单层"或"序列"。本例选择"序列"选项，如图 2-28 所示，单击"确定"按钮，在"项目"面板中会自动产生一个文件夹，其中包括序列文件和图层素材，如图 2-29 所示。

以序列的方式导入图层后，软件会按照图层的排列方式自动产生一个序列，用户可以打开该序列设置动画，进行编辑。

2. 导入图片

序列文件是一种非常重要的源素材。它由若干幅按序排列的图片组成，用来记录活动影片，每幅图片代表 1 帧。通常，可以先在 3ds Max、After Effects、Combustion 软件中产生序列文件，再将其导入 Premiere Pro CC 2019 中使用。

图 2-28　　　　　　　　　　图 2-29

序列文件以数字序号为序进行排列。当导入序列文件时，应在"首选项"对话框中设置图片的帧速率，也可以在导入序列文件后，在"解释素材"对话框中改变帧速率。导入序列文件的方法如下。

STEP 1 在"项目"面板的空白区域双击，弹出"导入"对话框，找到序列文件所在的目录，勾选"图像序列"复选框，如图 2-30 所示。

STEP 2 单击"打开"按钮，导入素材。序列文件导入后的状态如图 2-31 所示。

图 2-30

图 2-31

2.3.5　解释素材

对于项目的素材文件，可以通过解释素材来修改其属性。在"项目"面板中的素材上单击鼠标右键，在弹出的快捷菜单中选择"修改 > 解释素材"命令，弹出"修改剪辑"对话框，如图 2-32 所示。"帧速率"选项可以设置影片的帧速率；"像素长宽比"选项可以设置使用文件的像素长宽比；"场序"选项可以设置使用文件的场序；"Alpha 通道"选项可以对素材的透明通道进行设置；"VR 属性"选项可以设置文件中的投影、布局、捕捉视图等信息。

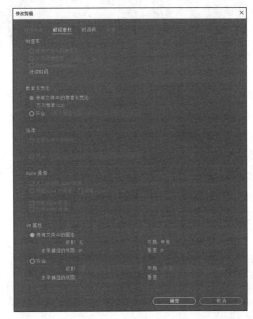

图 2-32

2.3.6 改变素材名称

剪辑人员可以给素材重命名以改变它原来的名称，这在一部影片中重复使用一个素材或复制了一个素材并为之设定新的入点和出点时极其有用。在"项目"面板和序列中观看一个复制的素材时，给素材重命名可避免混淆。

图 2-33

重命名素材的方法为：在"项目"面板中的素材上单击鼠标右键，在弹出的快捷菜单中选择"重命名"命令，素材会处于可编辑状态，输入新名称即可，如图 2-33 所示。

2.3.7 利用素材库组织素材

可以在"项目"面板建立一个素材库（即素材文件夹）来管理素材。使用素材文件夹，可以将节目中的素材分门别类、有条不紊地组织起来，这在组织包含大量素材的复杂节目时特别有用。

单击"项目"面板下方的"新建素材箱"按钮，会自动创建新文件夹，如图 2-34 所示，单击此按钮可以返回到上一层级素材列表，以此类推。

图 2-34

2.3.8 查找素材

可以根据素材的名字、属性或附属的说明和标签在 Premiere Pro CC 2019 的"项目"面板中搜索素材，例如可以查找所有文件格式相同的素材，如*.avi 和*.mp3 等。

单击"项目"面板下方的"查找"按钮，或单击鼠标右键，在弹出的快捷菜单中选择"查找"命令，弹出"查找"对话框，如图 2-35 所示。

图 2-35

在"查找"对话框中选择查找的素材属性，可按照素材的名称、媒体类型和标签等属性进行查找。在"匹配"选项的下拉列表中，可以选择查找的关键字是全部匹配还是部分匹配，若勾选"区分大小写"复选框，则必须将关键字的大小写输入正确。

在"查找"对话框右侧的文本框中输入查找素材的属性关键字。例如，要查找图片文件，可选择查找的属性为"名称"，在文本框中输入"JPEG"或其他文件格式的后缀，然后单击"查找"按钮，系统会自动找到"项目"面板中的图片文件。如果"项目"面板中有多个图片文件，可再次单击"查找"按钮查找下一个图片文件。单击"完成"按钮，可退出"查找"对话框。

除了查找"项目"面板的素材，用户还可以使序列中的影片自动定位，找到其项目中的源素材。在"时间轴"面板中的素材上单击鼠标右键，在弹出的快捷菜单中选择"在项目中显示"，如图 2-36 所示，即可找到"项目"面板中的相应素材，如图 2-37 所示。

图 2-36

图 2-37

2.3.9 离线素材

当打开一个项目文件时，系统若提示找不到源素材，如图 2-38 所示，这可能是源文件被改名或存在磁盘上的位置发生了变化造成的。可以直接在磁盘上找到源素材，然后单击"选择"按钮，也可以单击"脱机"按钮，建立离线文件代替源素材。

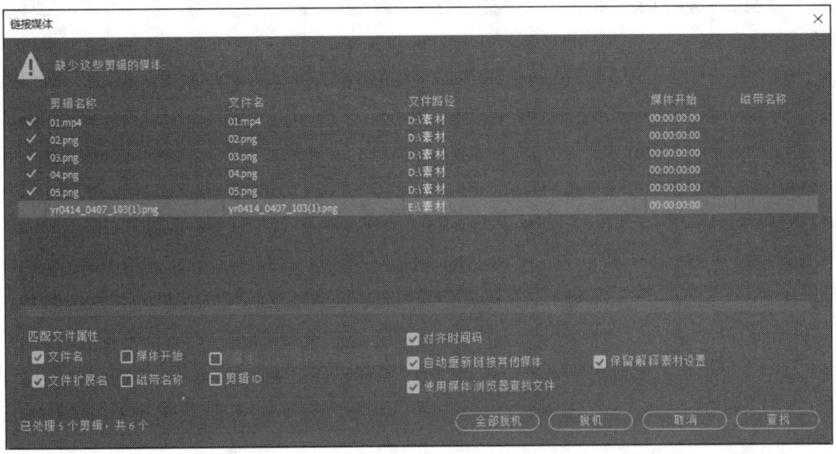

图 2-38

由于 Premiere Pro CC 2019 使用直接方式进行工作，因此，如果磁盘上的源文件被删除或者移动，就会发生在项目中无法找到其磁盘源文件的情况。此时，可以建立一个离线文件。离线文件具有和其所替换的源文件相同的属性，可以对其进行与普通素材完全相同的操作。当找到所需文件后，可以用该文件替换离线文件，以进行正常编辑。离线文件实际上起到一个占位符的作用，它可以暂时占据丢失文件所处的位置。

在"项目"面板中单击"新建项"按钮，在弹出的列表中选择"脱机文件"选项，弹出"新建脱机文件"对话框，如图 2-39 所示，设置相关的参数后，单击"确定"按钮，弹出"脱机文件"对话框，如图 2-40 所示。

在"包含"选项的下拉列表中可以选择建立含有影像和声音的离线素材，或者仅含有其中一项的离线素材。在"音频格式"选项中设置音频的声道。在"磁带名称"选项的文本框中输入磁带卷标。在"文件名"选项的文本框中指定离线素材的名称。在"描述"选项的文本框中可以输入一些备注。在"场景"文本框中输入注释离线素材与源文件场景的关联信息。在"拍摄/获取"文本框中说明拍摄信息。在"记录注释"文本框中记录离线素材的日志信息。在"时间码"选项区域中可以指定离线素材的时间。

如果要以实际素材替换离线素材，则可以在"项目"面板中的离线素材上单击鼠标右键，在弹出的快捷菜单中选择"链接媒体"命令，在弹出的对话框中指定文件并进行替换。"项目"面板中离线图标的显示如图 2-41 所示。

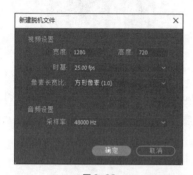

图 2-39

图 2-40

图 2-41

Chapter
3

第 3 章
影视剪辑技术

本章对 Premiere 中剪辑影片的基本技术和操作进行详细讲解，内容包括剪辑素材、分离素材、群组素材、捕捉和上载视频、创建新元素等。通过本章的学习，读者可以掌握影视剪辑技术的使用方法和应用技巧。

课堂学习目标

- 掌握使用软件剪辑、分离素材的方法
- 了解群组、捕捉和上载视频的技巧
- 掌握创建新元素的方法

3.1 剪辑素材

Premiere Pro CC 2019 中的编辑过程是非线性的，用户可以在任何时候插入、复制、替换、传递和删除素材片段，还可以采取各种各样的顺序和效果进行试验，并在合成最终影片或输出到磁带前进行预演。

用户可以在 Premiere Pro CC 2019 中使用"监视器"面板和"时间轴"面板编辑素材。"监视器"面板用于观看素材和完成的影片，设置素材的入点、出点等；"时间轴"面板用于建立序列、安排素材、分离素材、插入素材、合成素材、混合音频等。用户使用"监视器"面板和"时间轴"面板编辑影片时，还会同时使用其他相关的窗口和面板。

在一般情况下，Premiere Pro CC 2019 会从头至尾播放一个音频素材或视频素材。用户可以使用剪辑窗口或"监视器"面板改变一个素材的开始帧和结束帧或改变静止图像素材的长度。Premiere Pro CC 2019 中的"监视器"面板还可以用于对原始素材和序列进行剪辑。

3.1.1 课堂案例——快乐假日赏析

🔍 **案例学习目标**

学习使用剪辑点剪辑素材。

🔍 **案例知识要点**

使用"导入"命令导入视频文件，使用剪辑点的设置和拖曳剪辑素材，使用"效果控件"面板调整影视文件的位置和缩放。快乐假日赏析效果如图 3-1 所示。

快乐假日赏析

图 3-1

🔍 **效果所在位置**

资源包/Ch03/快乐假日赏析/快乐假日赏析.prproj。

STEP ⇱1 启动 Premiere Pro CC 2019 软件，选择"文件 > 新建 > 项目"命令，弹出"新建项目"对话框，如图 3-2 所示，单击"确定"按钮，新建项目。选择"文件 > 新建 > 序列"命令，弹出"新建序列"对话框，单击"设置"选项卡，设置如图 3-3 所示，单击"确定"按钮，新建序列。

STEP ⇱2 选择"文件 > 导入"命令，弹出"导入"对话框，选择资源包中的"Ch03/快乐假日赏析/素材"路径下的"01"～"05"文件，如图 3-4 所示，单击"打开"按钮，将素材文件导入"项目"面板中，如图 3-5 所示。

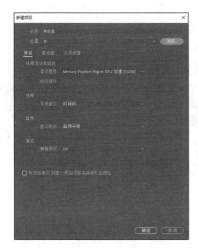

图 3-2

图 3-3

图 3-4

图 3-5

STEP　3　在"项目"面板中，选中"01"文件并将其拖曳到"时间轴"面板中的"视频 1"轨道中，弹出"剪辑不匹配警告"对话框，单击"保持现有设置"按钮，在保持现有序列设置的情况下将"01"文件放置在"视频 1"轨道中，如图 3-6 所示。选中"时间轴"面板中的"01"文件，选择"效果控件"面板，展开"运动"选项，将"缩放"选项设置为 67.0，如图 3-7 所示。

图 3-6

图 3-7

STEP 4 将时间标签放置在 01:00s 的位置上。在"项目"面板中，选中"02"文件并将其拖曳到"时间轴"面板的"视频 2"轨道中，如图 3-8 所示。将鼠标指针放在"02"文件的结束位置并单击，显示编辑点，如图 3-9 所示。

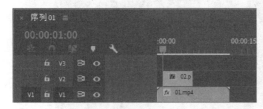
图 3-8

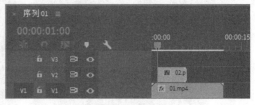
图 3-9

STEP 5 当鼠标指针呈 时，向右拖曳指针到"01"文件的结束位置，如图 3-10 所示。选中"时间轴"面板中的"02"文件，选择"效果控件"面板，展开"运动"选项，将"位置"选项设置为 243.0 和 587.0，"缩放"选项设置为 50.0，如图 3-11 所示。

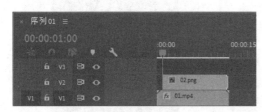
图 3-10

图 3-11

STEP 6 将时间标签放置在 03:00s 的位置上。在"项目"面板中，选中"03"文件并将其拖曳到"时间轴"面板的"视频 3"轨道中，如图 3-12 所示。将鼠标指针放在"03"文件的结束位置并单击，显示编辑点，如图 3-13 所示。

图 3-12

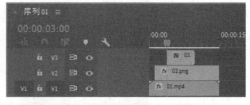
图 3-13

STEP 7 将时间标签放置在 12:00s 的位置上，按 E 键，将所选编辑点扩展到时间标签的位置上，如图 3-14 所示。将时间标签放置在 03:00s 的位置上。选中"时间轴"面板中的"03"文件，选择"效果控件"面板，展开"运动"选项，将"位置"选项设置为 509.0 和 589.0，"缩放"选项设置为 50.0，如图 3-15 所示。

图 3-14

图 3-15

STEP 8 选择"序列 > 添加轨道"命令，在弹出的"添加轨道"对话框中进行设置，如图 3-16
所示，单击"确定"按钮。可以看到在"时间轴"面板中添加了 2 条视频轨道，如图 3-17 所示。

图 3-16

图 3-17

STEP 9 将时间标签放置在 05:00s 的位置上。在"项目"面板中，选中"04"文件并将其拖曳
到"时间轴"面板的"视频 4"轨道中，如图 3-18 所示。将鼠标指针放在"04"文件的结束位置并单击，
显示编辑点。当鼠标指针呈 ▮◀ 时，向右拖曳指针到"03"文件的结束位置，如图 3-19 所示。

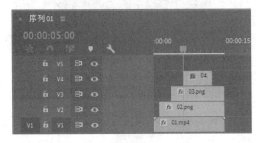

图 3-18

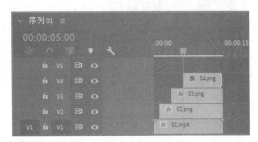

图 3-19

STEP 10 选中"时间轴"面板中的"04"文件，选择"效果控件"面板，展开"运动"选项，
将"位置"选项设置为 789.0 和 576.0，"缩放"选项设置为 50.0，如图 3-20 所示，"节目"监视器面板
中的效果如图 3-21 所示。

图 3-20

图 3-21

STEP 11 将时间标签放置在 07:13s 的位置上。在"项目"面板中，选中"05"文件并将其拖曳到"时间轴"面板的"视频 5"轨道中，如图 3-22 所示。将鼠标指针放在"05"文件的结束位置并单击，显示编辑点。当鼠标指针呈 时，向左拖曳指针到"04"文件的结束位置，如图 3-23 所示。

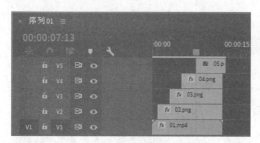

图 3-22

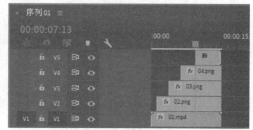

图 3-23

STEP 12 选中"时间轴"面板中的"05"文件，选择"效果控件"面板，展开"运动"选项，将"位置"选项设置为 1054.0 和 573.0；"缩放"选项设置为 50.0，如图 3-24 所示，"节目"监视器面板中的效果如图 3-25 所示。快乐假日赏析制作完成。

图 3-24

图 3-25

3.1.2 "监视器"面板中影片素材的显示

在 Premiere Pro 中有两个"监视器"面板："源"监视器面板与"节目"监视器面板，分别用来显示素材与作品在编辑时的状况。图 3-26 所示为"源"监视器面板，显示和设置节目中的素材；图 3-27 所示为"节目"监视器面板，可显示和设置序列。

图 3-26

图 3-27

用户可以在"源"监视器面板和"节目"监视器面板中设置安全区域，这对输出为电视机播放的影片非常有用。

电视机在播放视频图像时，屏幕的边缘会切除部分图像，这种现象叫作"溢出扫描"。不同的电视机溢出的扫描量不同，所以，要把图像的重要部分放在"安全区域"内。在制作影片时，需要将重要的场景元素、演员、图表放在"运动安全区域"内；将标题、字幕放在"标题安全区域"内。如图 3-28 所示，位于工作区域外侧的方框为"运动安全区域"，位于内侧的方框为"标题安全区域"。

图 3-28

单击"源"监视器面板或"节目"监视器面板下方的"安全边距"按钮 ▭，可以显示或隐藏"监视器"面板中的安全区域。

3.1.3　在"源"监视器面板中播放素材

不论是已经导入节目的素材还是使用打开命令观看的素材，系统都会将其自动打开在素材视窗中，用户可以在素材视窗播放和观看素材。

在"项目"和"时间轴"面板中双击要观看的素材，素材都会自动显示在"源"监视器面板中。使用面板下方的工具栏可以对素材进行播放控制，方便查看剪辑，如图 3-29 所示。

图 3-29

在不同的时间编码模式下，时间数字的显示模式会有所不同。如果是"无掉帧"模式，各时间单位之间用冒号分隔；如果是"掉帧"模式，各时间单位之间用分号分隔；如果是"帧"模式，时间单位显示为帧数。

拖曳鼠标到时间显示的区域并单击，从键盘上直接输入数值，改变时间显示，影片会自动跳到输入的时间位置。

如果输入的时间数值之间无间隔符号，如"1234"，则 Premiere Pro CC 2019 会自动将其识别为帧数，并根据所选用的时间编码，将其换算为相应的时间。

面板右侧的持续时间计数器显示影片入点与出点间的长度，即影片的持续时间，显示为黑色。

缩放列表在"源"监视器面板或"节目"监视器面板的正下方，可改变面板中影片的大小，如图 3-30 所示。可以通过放大或缩小影片进行观察，选择"适合"选项，则无论面板大小，影片都会匹配视窗，完全显示影片内容。

✓ 适合
10%
25%
50%
75%
100%
150%
200%
400%

图 3-30

3.1.4　在其他软件中打开素材

Premiere Pro CC 2019 具有能在其他软件打开素材的功能，用户可以利用该功能在其他兼容软件中打开素材进行观看或编辑。例如，用户可以在 QuickTime 中观看 MOV 影片，也可以在 Photoshop 中打开并编辑图像素材。在应用程序中编辑该素材存盘后，该素材会在 Premiere Pro CC 2019 中自动更新。

要在其他应用程序中编辑素材，必须保证计算机中安装了相应的应用程序并且有足够的内存来运行该程序。如果是在"项目"面板中编辑的序列图片，则在应用程序中只能打开该序列图片第 1 幅图像，如果是在"时间轴"面板中编辑的序列图片，则打开的是时间标签所在的位置的当前帧画面。

使用其他应用程序编辑素材的方法如下。

STEP 1 在"项目"面板或"时间轴"面板中选中需要编辑的素材。

STEP 2 选择"编辑 > 编辑原始"命令。

STEP 3 在打开的应用程序中编辑该素材并保存结果。

STEP 4 返回到 Premiere Pro CC 2019 窗口中，修改后的结果会自动更新到当前素材。

3.1.5　剪裁素材

剪辑可以增加或删除帧以改变素材的长度。素材开始帧的位置被称为入点，素材结束帧的位置被称为出点。用户可以在"源/节目"监视器面板和"时间轴"面板剪裁素材。

1. 在"监视器"面板剪裁素材

在"节目"监视器面板中改变入点和出点的方法如下。

STEP 1 在"节目"监视器面板双击要设置入点和出点的素材，将其在"源"监视器面板中打开。

STEP 2 在"源"监视器面板中拖动时间标签 或按空格键，找到要使用的片段的开始位置。

STEP 3 单击"源"监视器面板下方的"标记入点"按钮 或按 I 键，"源"监视器面板中显示当前素材入点画面，"素材"监视器面板右上方显示入点标记，如图 3-31 所示。

STEP 4 继续播放影片，找到使用片段的结束位置。单击"源"监视器面板下方"标记出点"按钮 或按 O 键，面板下方显示当前素材出点。入点和出点间显示为深色，两点之间的片段即入点与出点间的素材片段，如图 3-32 所示。

图 3-31

图 3-32

STEP 5 单击"转到上一标记"按钮 可以自动跳到影片的入点位置，单击"转到下一标记"按钮 可以自动跳到影片出点的位置。

　　当声音同步要求非常严格时，用户可以为音频素材设置高精度的入点。音频素材的入点可以使用高达 1/600s 的精度来调节。对于音频素材，入点和出点指示器出现在波形图相应的点处，如图 3-33 所示。

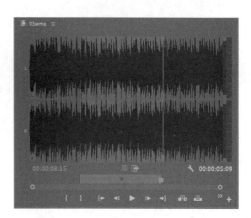

　　当用户将一个含有影像和声音的素材拖曳到"时间轴"面板时，该素材的音频和视频会同时被放到相应的轨道中。

　　用户为素材设置的入点和出点，对素材的音频和视频同时有效，用户也可以为素材的视频和音频单独设置入点和出点。

图 3-33

　　为素材的视频或音频单独设置入点和出点的方法如下。

　　STEP 1 在"源"监视器面板打开要设置入点和出点的素材。

　　STEP 2 在"源"监视器面板中拖动时间标签 或按空格键，找到要使用的片段的开始位置。选择"标记 > 标记拆分"命令，弹出子菜单，如图 3-34 所示。

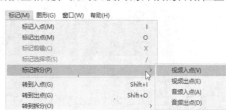

　　STEP 3 在弹出的子菜单中选择"视频入点/视频出点"命令，两点之间的视频部分就设置了入点和出点，如图 3-35 所示。继续播放影片，找到使用音频片段的开始或结束位置。选择"音频入点/音频出点"命令，两点之间的音频部分就设置了入点和出点，如图 3-36 所示。

图 3-34

图 3-35

图 3-36

2. 在"时间轴"面板中剪辑素材

Premiere Pro CC 2019 提供了多种编辑片段的工具，下面介绍这些编辑工具的具体操作方法。

　　STEP 1 选中"选择"工具 ，在"时间轴"面板中单击，可以直接选择剪辑素材，如图 3-37 所示；按住 Alt 键的同时单击，可以单独选择剪辑的音频或视频部分，如图 3-38 所示；按住 Shift 键的同时单击要选择的素材，可以同时选择多个剪辑素材，如图 3-39 所示。

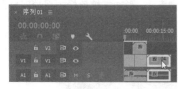

图 3-37

图 3-38

图 3-39

　　将光标置于素材文件的开始位置，当鼠标指针呈 时单击，显示编辑点，向右拖曳光标到适当的位置上，如图 3-40 所示。将光标置于素材文件的结束位置，当鼠标指针呈 时单击，显示编辑点，向左拖曳光标到适当的位置上，如图 3-41 所示。

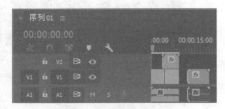
图 3-40

图 3-41

STEP 2 选择"向前选择轨道"工具 ，在"时间轴"面板中单击，可以选择光标右侧的所有剪辑，如图 3-42 所示；按住 Shift 键的同时单击，可以选择当前轨道中光标右侧的所有剪辑，如图 3-43 所示。

图 3-42

图 3-43

STEP 3 选择"向后选择轨道"工具 ，可以选择光标左侧的所有剪辑。具体操作与"向前选择轨道"工具 相同，这里就不再赘述。

STEP 4 选择"波纹编辑"工具 ，将光标放置在素材文件的开始位置，当鼠标指针呈 时单击，显示编辑点，向右拖曳光标到适当的位置上，如图 3-44 所示，右侧的剪辑素材发生位移。将光标放置在素材文件的结束位置，当鼠标指针呈 时单击，显示编辑点，向左拖曳光标到适当的位置上，如图 3-45 所示，右侧的剪辑素材发生位移。

图 3-44

图 3-45

STEP 5 选择"滚动编辑"工具 ，在"时间轴"面板中将光标置于两个剪辑之间并单击，向左拖曳鼠标调整素材，如图 3-46 所示。按住 Alt 键的同时单击，向右拖曳鼠标，只影响链接剪辑的视频部分，如图 3-47 所示。

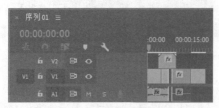
图 3-46

图 3-47

STEP 6 选择"外滑"工具 ⬌，将光标置于要调整的剪辑上，向右拖动以将剪辑的入点和出点前移，如图 3-48 所示，此时"节目"监视器面板中的效果如图 3-49 所示。向左拖动以将剪辑的入点和出点后移。

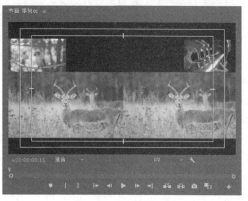

图 3-48   图 3-49

STEP 7 选择"内滑"工具 ⬌，将光标置于要调整的剪辑之上，向左拖动以将前一个剪辑的出点和后一个剪辑的入点的时间前移，如图 3-50 所示，此时"节目"监视器面板中的效果如图 3-51 所示。向右拖动以将前一个剪辑的出点和后一个剪辑的入点的时间后移。

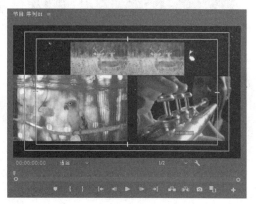

图 3-50   图 3-51

3．导出帧

单击"节目"监视器面板下方的"导出帧"按钮 📷 ，弹出"导出帧"对话框，在"名称"文本框中输入文件名称，在"格式"选项中选择文件格式，设置"路径"选项选择文件保存路径，如图 3-52 所示。设置完成后，单击"确定"按钮，导出当前时间轴上的单帧图像。

4．改变影片的速度/持续时间

在 Premiere Pro CC 2019 中，用户可以根据需求随意更改片段的播放速度，具体操作步骤如下。

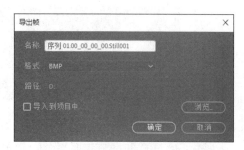

图 3-52

STEP 1 在"时间轴"面板中的某一个文件上单击鼠标右键，在弹出的快捷菜单中选择"速度/持续时间"命令，弹出图 3-53 所示的"剪辑速度/持续时间"对话框。设置完成后，单击"确定"按钮，完成更改任务。

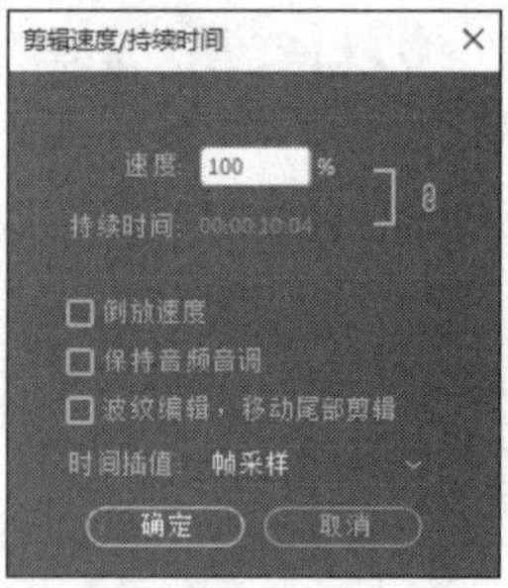

"剪辑速度/持续时间"对话框中的选项说明如下。

"速度"：在此设置播放速度的百分比，以此决定影片的播放速度。

"持续时间"：单击选项右侧的时间码，修改时间值。时间值越长，影片播放的速度越慢；时间值越短，影片播放的速度越快。

"倒放速度"：勾选此复选框，影片片段将向反方向播放。

"保持音频音调"：勾选此复选框，将保持影片片段的音频播放速度不变。

"波纹编辑，移动尾部剪辑"：勾选此复选框，剪辑后的影视素材，与其相邻的影视素材保持跟随。

"时间插值"：选择速度更改后的时间插值，包含帧采样、帧混合和光流法。

STEP 2 选择"比率拉伸"工具 ，将光标放置在素材文件的开始位置，当鼠标指针呈 时单击，显示编辑点，向左拖曳光标到适当的位置上，如图 3-54 所示，调整影片速度。当鼠标指针呈 时单击，显示编辑点，向右拖曳光标到适当的位置上，如图 3-55 所示，调整影片速度。

图 3-53

图 3-54

图 3-55

STEP 3 在"时间轴"面板中选择素材文件，如图 3-56 所示。在素材文件上单击鼠标右键，在弹出的菜单中选择"显示剪辑关键帧 > 时间重映射 > 速度"命令，效果如图 3-57 所示。

图 3-56

图 3-57

向下拖曳中心的速度水平线，调整影片速度，如图 3-58 所示，松开鼠标，效果如图 3-59 所示。

图 3-58

图 3-59

按住 Ctrl 键的同时，在速度水平线上单击，生成关键帧，如图 3-60 所示，用相同的方法再次添加关键帧，效果如图 3-61 所示。

图 3-60

图 3-61

向上拖曳关键帧中间的速度水平线，调整影片速度，如图 3-62 所示。拖曳第 2 个关键帧的右半部分，拆分关键帧，如图 3-63 所示。

图 3-62

图 3-63

5. 创建静止帧

冻结片段中的某一帧，则该帧画面会以静止帧方式显示，就好像使用了一张静止图像，被冻结的帧可以是片段开始点或结束点。创建静止帧的具体操作步骤如下。

STEP 1 单击"时间轴"面板中的某一段影片片段。移动时间轨道中的编辑线到需要冻结的某一帧画面上，如图 3-64 所示。

STEP 2 为了确保片段仍处于选中状态，选择"帧定格选项"命令，弹出图 3-65 所示的"帧定格选项"对话框。

STEP 3 勾选"定格位置"复选框，在右侧的下拉列表中根据源时间码、序列时间码、入点、出点或者播放指示器位置选择帧，如图 3-66 所示。

图 3-64

图 3-65

图 3-66

STEP 4 勾选"定格滤镜"复选框，可以使冻结的帧画面依然保持使用滤镜后的效果。单击"确定"按钮完成创建。

6. 在"时间轴"面板中粘贴素材及属性

Premiere Pro CC 2019 提供了标准的 Windows 编辑命令，用于剪切、复制和粘贴素材，这些命令都在"编辑"菜单命令下。

使用"粘贴插入"命令的具体操作步骤如下。

STEP 1 在"时间轴"面板中选择影片素材，选择"编辑 > 复制"命令。

STEP 2 在"时间轴"面板中将时间标签 移动到需要粘贴素材的位置，如图3-67所示。

STEP 3 选择"编辑 > 粘贴插入"命令，复制的影片被粘贴到时间标签 位置，其后的影片等距离后退，如图3-68所示。

图3-67 图3-68

使用"粘贴属性"命令的具体操作步骤如下。

STEP 1 在"时间轴"面板中选择影片素材，设置"不透明度"选项，并添加视频效果，如图3-69所示。在影片素材上单击鼠标右键，在弹出的菜单中选择"复制"命令，如图3-70所示。

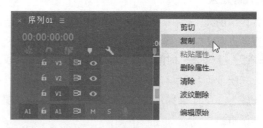

图3-69 图3-70

STEP 2 用圈选的方法选择需要粘贴属性的素材文件，如图3-71所示。在影片素材上单击鼠标右键，在弹出的菜单中选择"粘贴属性"命令，如图3-72所示。

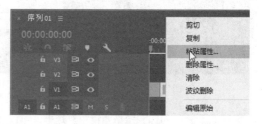

图3-71 图3-72

STEP 3 在弹出的"粘贴属性"对话框中，可以将视频属性（运动、不透明度、时间重映射、效果）以及音频属性（音量、声道音量、声像器、效果）粘贴到选中的素材文件上，如图3-73~图3-75所示。

图 3-73

图 3-74

图 3-75

7. 场设置

在使用视频素材时，时常会遇到交错视频场的问题。它会严重影响视频最后的合成质量。由于视频格式、采集和回放设备不同，场的优先顺序也是不同的。在编辑时，改变片段的速度、输出胶片带、反向播放片段或冻结视频帧，都有可能遇到场处理问题，所以，正确的场设置在视频编辑中是非常重要的。

在选择场顺序后，应该播放影片，观察影片能否平滑地进行播放，如果出现了跳动的现象，则说明场的顺序是错误的。

对于采集或上载的视频素材，一般情况下都要对其进行场分离设置。另外，如果要将计算机中处理完成的影片输出到用于电视监视器播放的领域，在输出前也要对场进行设置，输出到电视机的影片都是具有场的。用户也可以为没有场的影片添加场，如使用三维动画软件输出的影片，在输出前添加场，用户可以在渲染设置中进行设置。

一般情况下，在新建节目的时候就要指定正确的场顺序，这里的顺序一般要按照影片的输出设备来设置。在"新建序列"对话框中选择"设置"选项卡，在"视频"选项组"场"选项的右侧下拉列表中指定编辑影片所使用的场方式，如图 3-76 所示。在编辑交错场时，要根据相关的视频硬件显示奇偶场的顺序，选择"高场优先"或者"低场优先"选项。在输入影片的时候，也有类似的选项设置。

如果在编辑过程中素材的场顺序有所不同，则必须使其统一，并符合编辑输出的场设置。调整方法是，在"时间轴"面板中的素材上单击鼠标右键，在弹出的快捷菜单中选择"场选项"命令，在弹出的"场选项"对话框中进行设置，如图 3-77 所示。

"场选项"对话框中的选项说明如下。

"交换场序"：如果素材场顺序与视频采集卡顺序相反，则勾选此复选框。

图 3-76

图 3-77

"无"：不处理素材场控制。

"始终去隔行"：将非交错场转换为交错场。

"消除闪烁"：该选项用于消除细水平线的闪烁。当该选项没有被选择时，一条只有一个像素的扫描线只在两场中的其中一场出现，则在回放时会导致闪烁；选择该选项将使扫描线的百分值增加或降低以混合扫描线，使一个像素的扫描线在视频的两个场中都出现。在播出字幕时，一般都要选择该选项。

8. 删除素材

如果用户决定不使用"时间轴"面板中的某个素材片段，则可以在"时间轴"面板中将其删除。从"时间轴"面板中删除的素材并不会在"项目"面板中删除。当用户删除一个已经应用于"时间轴"面板的素材后，在"时间轴"面板的轨道上该素材处会留下空位。用户也可以选择波纹删除，将该素材轨道上的内容向左移动，覆盖被删除的素材留下的空位。

删除素材的方法如下。

STEP 1 在"时间轴"面板中选择一个或多个素材。

STEP 2 按 Delete 键或选择"编辑 > 清除"命令。

波纹删除素材的方法如下。

STEP 1 在"时间轴"面板中选择一个或多个素材。（如果不希望其他轨道的素材移动，可以锁定该轨道。）

STEP 2 在素材上单击鼠标右键，在弹出的快捷菜单中选择"波纹删除"命令。

3.1.6 设置标记点

为了查看素材中帧与帧之间是否对齐，用户需要在素材或标尺上做一些标记。

1. 添加标记

为影片添加标记的操作步骤如下。

STEP 1 将"时间轴"面板中的时间标签 移动到需要添加标记的位置，单击面板中左上角的"添加标记"按钮 ，该标记将被添加到时间标签停放的地方，如图 3-78 所示。

STEP 2 如果"时间轴"面板左上角的"对齐"按钮处于选中状态，则将一个素材拖动到轨道标记处，素材的入点将会自动与标记对齐。

图 3-78

2. 跳转标记

在"时间轴"面板中的标尺上单击鼠标右键，在弹出的快捷菜单中选择"转到下一个标记"命令，时间标签会自动跳转到下一个标记。选择"转到上一个标记"命令，时间标签会自动跳转到上一个标记，如图 3-79 所示。

3. 删除标记

如果用户在使用标记的过程中发现有不需要的标记，可以将其删除。具体的删除步骤如下。

在"时间轴"面板中的标尺上单击鼠标右键，在弹出的快捷菜单中选择"清除所选的标记"命令，如图 3-80 所示，可清除当前选取的标记；选择"清除所有标记"命令，即可将"时间轴"面板中的所有标记清除。

```
转到下一个标记
转到上一个标记
```
图 3-79

```
清除所选的标记
清除所有标记
```
图 3-80

3.2　分离素材

在"时间轴"面板中可以将一个单独的素材切割成为两个或更多单独的素材，也可以使用插入工具进行三点或者四点编辑，还可以将链接素材的音频或视频部分分离，或者将分离的音频和视频素材链接起来。

3.2.1　课堂案例——健康生活宣传片

案例学习目标

使用切割工具和插入编辑命令分离素材，制作宣传片。

案例知识要点

使用"导入"命令导入视频文件，使用"剃刀"工具切割视频素材，使用剪辑点的拖曳剪辑素材，使用"插入"命令插入素材文件。健康生活宣传片效果如图 3-81 所示。

健康生活宣传片

图 3-81

⊕ 效果所在位置

资源包/Ch03/健康生活宣传片/健康生活宣传片.prproj。

STEP↘1 启动 Premiere Pro CC 2019 软件，选择"文件 > 新建 > 项目"命令，打开"新建项目"对话框，如图 3-82 所示，单击"确定"按钮，新建项目。选择"文件 > 新建 > 序列"命令，打开"新建序列"对话框，单击"设置"选项卡，选项的设置如图 3-83 所示，单击"确定"按钮，新建序列。

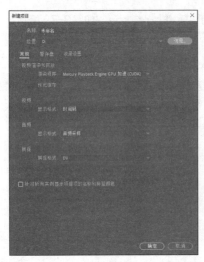

图 3-82

图 3-83

STEP↘2 选择"文件 > 导入"命令，打开"导入"对话框，选择资源包中的"Ch03/健康生活宣传片/素材"路径下的"01"～"03"文件，如图 3-84 所示，单击"打开"按钮，将素材文件导入到"项目"面板中，如图 3-85 所示。

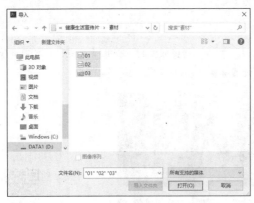

图 3-84

图 3-85

STEP↘3 在"项目"面板中，选中"01"文件并将其拖曳到"时间轴"面板中的"视频 1"轨道中，在打开的"剪辑不匹配警告"对话框中，单击"保持现有设置"按钮，在保持现有序列设置的情况下将"01"文件放置在"视频 1"轨道中，效果如图 3-86 所示。选中"时间轴"面板中的"01"文件，选择"效果控件"面板，展开"运动"选项，将"缩放"选项设置为 67.0，如图 3-87 所示。

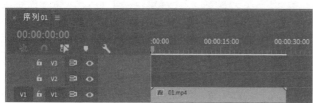

图 3-86

图 3-87

STEP 4 将时间标签放置在 10:00s 的位置上。选择"剃刀"工具 ，将鼠标指针移动到"时间轴"面板中的"01"文件上并单击，切割素材，效果如图 3-88 所示。

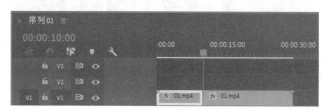

图 3-88

STEP 5 选择"选择"工具 ，在"项目"面板中选中"02"文件，在文件上单击鼠标右键，在弹出的菜单中选择"插入"命令，在"时间轴"面板中时间标签的位置插入"02"文件，如图 3-89 所示。选中"时间轴"面板中的"02"文件，选择"效果控件"面板，展开"运动"选项，将"缩放"选项设置为 67.0，如图 3-90 所示。

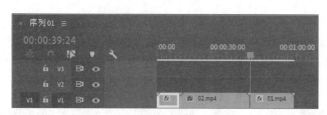

图 3-89

图 3-90

STEP 6 将时间标签放置在 20:00s 的位置上。选择"剃刀"工具 ，将鼠标指针移动到"时间轴"面板中的"02"文件上并单击，切割素材，如图 3-91 所示。

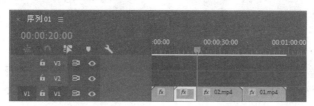

图 3-91

STEP 7 选择"选择"工具 ▶，选择切割后右侧的"02"文件素材，如图3-92所示。在文件上单击鼠标右键，在弹出的菜单中选择"波纹删除"命令，删除文件且右侧的"01"文件自动前移，效果如图3-93所示。

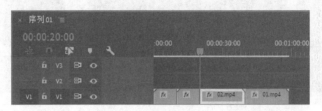

图3-92

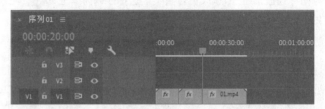

图3-93

STEP 8 将时间标签放置在30:00s的位置，将鼠标指针放在"01"文件的结束位置，当鼠标指针呈 ◀ 时单击，选取编辑点，如图3-94所示。向左拖曳到时间标签的位置，如图3-95所示。

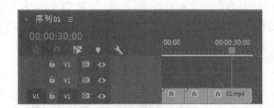

图3-94

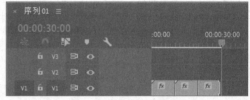

图3-95

STEP 9 在"项目"面板中，选中"03"文件并将其拖曳到"时间轴"面板中的"视频2"轨道上，如图3-96所示。将时间标签放置在30:00s的位置，将鼠标指针放在"03"文件的结束位置，当鼠标指针呈 ◀ 时单击，选取编辑点。按E键，将所选编辑点扩展到播放指示器的位置，如图3-97所示。

图3-96

图3-97

STEP 10 选择"时间轴"面板中的"03"文件，如图3-98所示。选择"效果控件"面板，展开"运动"选项，将"位置"选项设置为640.0和649.0，"缩放"选项设置为120.0，如图3-99所示。健康生活宣传片制作完成。

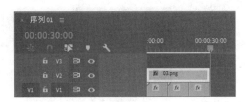

图 3-98　　　　　　　　　　　　　　　　图 3-99

3.2.2　切割素材

在 Premiere Pro CC 2019 中，当素材被添加到"时间轴"面板的轨道上后，可以使用"工具"面板中的"剃刀"工具对此素材进行分割。具体操作步骤如下。

STEP 1　在"时间轴"面板中添加要切割的素材。

STEP 2　选择工具箱中的"剃刀"工具，将鼠标指针移动到需要切割的位置并单击，该素材即被切割为两个素材，每一个素材都有独立的长度以及入点与出点，如图 3-100 所示。

STEP 3　如果要在同一点分割多个轨道上的素材，则需按住 Shift 键，显示多重刀片，轨道上未锁定的素材也都在该位置被分割为两段，如图 3-101 所示。

图 3-100　　　　　　　　　　　　　　　图 3-101

3.2.3　插入和覆盖编辑

"插入"按钮和"覆盖"按钮可以将"源"监视器面板中的片段直接置入"时间轴"面板中时间标签位置的当前轨道上。

1. 插入编辑

使用插入按钮插入素材的具体操作步骤如下。

STEP 1　在"源"监视器面板中选中要插入到"时间轴"面板中的素材。

STEP 2　在"时间轴"面板中将时间标签移动到需要插入素材的时间点，如图 3-102 所示。

STEP 3　单击"源"监视器面板下方的"插入"按钮，将选择的素材插入到"时间轴"面板中，插入的新素材会直接插入其中，原有素材会被分为两段，原有素材的后半部分将会向后推移，接在新素材之后，效果如图 3-103 所示。

　　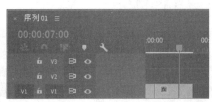

图 3-102　　　　　　　　　　　　　　　图 3-103

2. 覆盖编辑

使用覆盖按钮插入素材的具体操作步骤如下。

STEP 1 在"源"监视器面板中选中要插入到"时间轴"面板中的素材。

STEP 2 在"时间轴"面板中将时间标签 移动到需要插入素材的时间点。

STEP 3 单击"源"监视器面板下方的"覆盖"按钮 ，将选择的素材插入到"时间轴"面板中，加入的新素材在时间标签 处将覆盖原有素材，如图3-104所示。

图3-104

3.2.4　提升和提取编辑

使用"提升"按钮 和"提取"按钮 可以在"时间轴"面板的指定轨道上删除指定的一段节目。

1. 提升编辑

使用"提升"按钮 的具体操作步骤如下。

STEP 1 在"节目"监视器面板中为素材需要提取的部分设置入点、出点。设置的入点和出点同时显示在"时间轴"面板的标尺上，如图3-105所示。

STEP 2 单击"节目"监视器面板下方的"提升"按钮 ，入点和出点之间的素材被删除，删除后的区域留下空白，如图3-106所示。

图3-105

图3-106

2. 提取编辑

使用"提取"按钮 的具体操作步骤如下。

STEP 1 在"节目"监视器面板中为素材需要提取的部分设置入点、出点。设置的入点和出点同时显示在"时间轴"面板的标尺上。

STEP 2 单击"节目"监视器面板下方的"提取"按钮 ，入点和出点之间的素材被删除，其后面的素材自动前移，填补空缺，如图3-107所示。

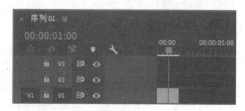

图3-107

3.2.5　粘贴素材

Premiere Pro CC 2019提供了标准的Windows编辑命令，用于剪切、复制和粘贴素材，这些命令都在"编辑"命令下。使用"粘贴插入"命令的具体操作步骤如下。

STEP 1 选择"时间轴"面板中的素材，选择"编辑 > 复制"命令。

STEP 2 在"时间轴"面板中将时间标签 移动到需要粘贴素材的位置，如图3-108所示。

STEP 3 选择"编辑 > 粘贴插入"命令，复制的影片被粘贴到时间标签 的位置，其后的影片自动后移，如图 3-109 所示。

图 3-108

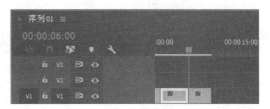

图 3-109

3.2.6　链接和分离素材

链接素材的具体操作步骤如下。

STEP 1 在"时间轴"面板中框选要进行链接的视频和音频片段。

STEP 2 单击鼠标右键，在弹出的菜单中选择"链接"命令，片段就被链接在一起了。

分离素材的具体操作步骤如下。

STEP 1 在"时间轴"面板中选择链接的视频素材。

STEP 2 单击鼠标右键，在弹出的快捷菜单中选择"取消链接"命令，即可分离素材的音频和视频部分。

链接在一起的素材被分开后，分别移动音频和视频部分使其错位，再链接在一起，系统会在片段上标记警告并标识错位的时间，如图 3-110 所示，负值表示向前偏移，正值表示向后偏移。

图 3-110

3.3　群组素材

在项目编辑工作中，经常要对多个素材进行整体操作。这时，使用群组命令可以将多个片段组合为一个整体来进行移动和复制等操作。

建立群组素材的具体操作步骤如下。

STEP 1 在"时间轴"面板中框选要群组的素材。

STEP 2 按住<Shift>键再次单击，可以加选素材。

STEP 3 在选定的素材上单击鼠标右键，在弹出的快捷菜单中选择"编组"命令，选定的素材被群组。

素材被群组后，就会作为一个整体进行移动和复制等操作。如果要取消群组效果，则在群组的对象上单击鼠标右键，在弹出的菜单中选择"取消编组"命令即可。

3.4　捕捉和上载视频

用户可以使用两种方法采集满屏视频：用硬件压缩实时采集，或者使用由计算机精确控制帧的录像机或影碟机实施非实时采集。一般使用硬件压缩实时采集视频。

　　非实时采集方式是每次采集硬盘的一帧或一段，直到采集完成所有的影片。这种方式需要一个原始录像带上有时间码和用于执行非实时采集视频的第三方设备控制器。非实时采集视频一般不会得到较高质量的素材。

　　数字化音频的质量和声音文件的大小，取决于采样的频率和位深度，这些参数决定了模拟音频信号被数字化后的状态。例如，以22kHz和16位精度采样的音频相比11kHz和8位精度采样的音频，质量明显提高。CD音频通常以44kHz和16位精度数字化，而数码音带则可以达到48kHz。同时，更高的采样频率和量化指标会增加数据量。

　　使用Premiere Pro CC 2019采集视频时，它会先将视频数据临时存储到硬盘中的一个临时文件中，直到用户将该视频存储为.avi格式。用户需要为采集的文件在硬盘中预留足够的空间，以便存放采集视频时产生的临时文件。另外，用户必须在采集视频后将采集的视频存储为.avi格式，否则，数据将在下一个采集过程中被重写。

　　使用Premiere Pro CC 2019采集视频的具体操作步骤如下。

STEP 1 确定设备已正确连接，打开Premiere Pro CC 2019，选择"文件 > 捕捉"命令（或按F5键），弹出"捕捉"面板，如图3-111所示。

STEP 2 对捕捉设备进行设置，选择面板右侧的"设置"选项卡，切换至对应的面板，如图3-112所示。

图3-111

图3-112

STEP 3 "捕捉设置"区域栏显示当前可用的采集设备，单击"编辑"按钮，弹出图3-113所示的"捕捉设置"对话框。在对话框中设置捕捉的格式，单击"确定"按钮，返回到面板中。

STEP 4 在"捕捉位置"区域栏中设定采集使用的暂存盘，如图3-114所示。分别在"视频"和"音频"栏中指定采集使用的暂存盘。从原则上讲，应该指定计算机中的SCSI硬盘作为暂存盘，如果没有高速视频硬盘，可以选择剩余空间较大的硬盘作为暂存盘。

图 3-113

图 3-114

STEP 5 在"设备控制"区域栏中对采集控制进行设定，如图 3-115 所示。在"设备"选项的下拉列表中可以指定采集时所使用的设备遥控器。单击"选项"按钮，可以在弹出的对话框中对控制设备进行进一步的设置，如图 3-116 所示。

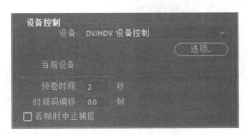

图 3-115

图 3-116

在"设备控制"区域栏的"预卷时间"和"时间码偏移"栏中可以设置影片播放的偏移时间，一般情况下都设为 0，不让时间码发生偏移。

由于数字卡或者其他硬件的问题，有可能在采集的时候发生丢帧情况，如果丢帧情况严重，可能会使影片无法流畅播放。可以勾选"丢帧时中止捕捉"复选框，如果在采集素材过程中出现丢帧，采集会自动停止。

STEP 6 图 3-117 所示的"记录"选项卡中的"剪辑数据"区域栏用于对采集的素材进行备注设置，主要是填写一些注释信息。在素材比较多的情况下，加入备注是非常有用的，可以方便管理素材。"时间码"栏是比较重要的参数栏，可以在该参数栏中设置采集影片的开始（设置入点）和结束（设置出点）位置。对于具有遥控录像机功能的设备来说，由于可以精确控制时间码，使用打点采集非常方便。在"采集"栏中单击"入点/出点"按钮可以采集"时间码"栏中设置的入点与出点间的设定片段，单击"磁带"按钮则可以采集整个磁带。

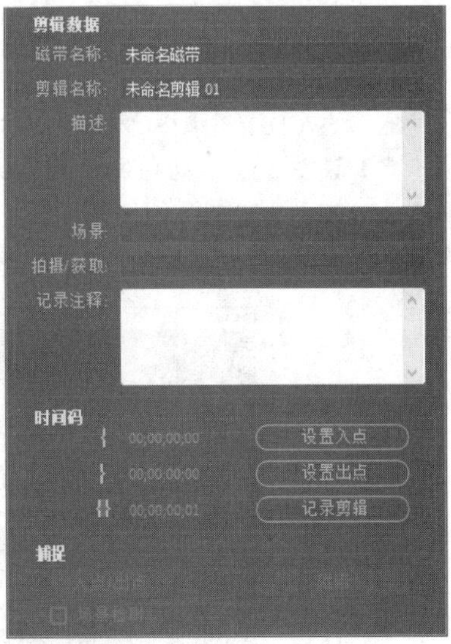

STEP 7 设置完成后，开始上载（采集）素材。用控制面

图 3-117

板遥控录像机进行采集，录像带开始播放后，单击采集按钮开始录制采集，按 Esc 键可中止采集。

采集完毕后，可以在"项目"面板中找到所采集的影片片段。

3.5 创建新元素

在 Premiere Pro CC 2019 中，用户除了可以使用导入的素材，还可以建立一些新素材元素，在本节中将详细讲解如何创建新元素。

3.5.1 课堂案例——篮球公园宣传片

案例学习目标

学习使用新建命令创建新元素。

案例知识要点

使用"导入"命令导入视频文件，使用"剃刀"工具切割视频素材，使用"插入"命令插入素材文件，使用"新建"命令新建 HD 彩条。篮球公园宣传片效果如图 3-118 所示。

图 3-118

篮球公园宣传片

效果所在位置

资源包/Ch03/篮球公园宣传片/篮球公园宣传片.prproj。

STEP 1 启动 Premiere Pro CC 2019 软件，选择"文件 > 新建 > 项目"命令，弹出"新建项目"对话框，如图 3-119 所示，单击"确定"按钮，新建项目。选择"文件 > 新建 > 序列"命令，弹出"新建序列"对话框，单击"设置"选项卡，设置图 3-120 所示参数，单击"确定"按钮，新建序列。

图 3-119

图 3-120

STEP 2 选择"文件 > 导入"命令，弹出"导入"对话框，选择资源包中的"Ch03/篮球公园宣传片/素材"路径下的"01"～"03"文件，如图 3-121 所示，单击"打开"按钮，将素材文件导入"项目"面板中，如图 3-122 所示。

图 3-121　　　　　　　　　　　　　　　图 3-122

STEP 3 在"项目"面板中，选中"01"文件并将其拖曳到"时间轴"面板中的"视频 1"轨道中，弹出"剪辑不匹配警告"对话框，单击"保持现有设置"按钮，在保持现有序列设置的情况下将"01"文件放置在"视频 1"轨道中，如图 3-123 所示。选中"时间轴"面板中的"01"文件，选择"效果控件"面板，展开"运动"选项，将"缩放"选项设置为 67.0，如图 3-124 所示。

图 3-123　　　　　　　　　　　　　　　图 3-124

STEP 4 将时间标签放置在 05:00s 的位置上。在"项目"面板中选中"02"文件，在文件上单击鼠标右键，在弹出的菜单中选择"插入"命令，在"时间轴"面板中的时间标签位置插入"02"文件，如图 3-125 所示。

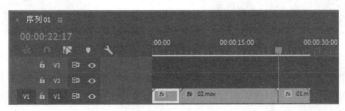

图 3-125

STEP 5 将时间标签放置在 08:00s 的位置上。选择"剃刀"工具 ，将鼠标指针移动到"时间轴"面板中的"02"文件上并单击，切割素材，如图 3-126 所示。

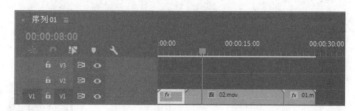

图 3-126

STEP 6 选择"选择"工具 ，选择切割后右侧的"02"文件。在文件上单击鼠标右键，在弹出的菜单中选择"波纹删除"命令，删除文件且右侧的"01"文件自动前移，如图 3-127 所示。在"项目"面板中选中"02"文件，选择"效果控件"面板，展开"运动"选项，将"缩放"选项设置为 67.0，如图 3-128 所示。

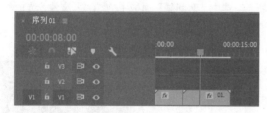

图 3-127

图 3-128

STEP 7 选择"项目"面板，选择"文件 > 新建 > HD 彩条"命令，弹出"新建 HD 彩条"对话框，如图 3-129 所示，单击"确定"按钮，在"项目"面板中新建"HD 彩条"文件，如图 3-130 所示。

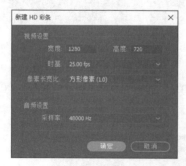

图 3-129

图 3-130

STEP 8 在"项目"面板中，选中"HD 彩条"文件并将其拖曳到"时间轴"面板的"视频 2"轨道中，如图 3-131 所示。将时间标签放置在 05:08s 的位置上。将鼠标指针放在"HD 彩条"文件的结束位置并单击，显示编辑点。当鼠标指针呈 时，向左拖曳指针到 05:08s 的位置，如图 3-132 所示。

图 3-131　　　　　　　　　　　　　　图 3-132

STEP 9　选择"音频 2"轨道中的音频文件，如图 3-133 所示，按<Delete>键，删除文件。在"项目"面板中，选中"03"文件并将其拖曳到"时间轴"面板的"视频 3"轨道中，如图 3-134 所示。将鼠标指针放在"03"文件的结束位置并单击，显示编辑点。当鼠标指针呈◀时，向右拖曳指针到"01"文件的结束位置，如图 3-135 所示。

STEP 10　选中"时间轴"面板中的"03"文件，选择"效果控件"面板，展开"运动"选项，将"位置"选项设置为 1067.0 和 610.0，"缩放"选项设置为 27.0，如图 3-136 所示。

图 3-133

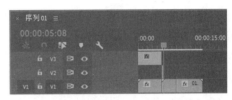

图 3-134

图 3-135

图 3-136

STEP 11　将时间标签放置在 04:24s 的位置，选择"效果控件"面板，展开"不透明度"选项，单击"不透明度"选项右侧的"添加/移除关键帧"按钮 ◎，如图 3-137 所示，记录第 1 个动画关键帧。将时间标签放置在 05:00s 的位置，将"不透明度"选项设置为 0.0%，如图 3-138 所示，记录第 2 个动画关键帧。

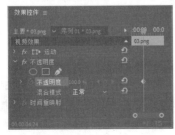

图 3-137

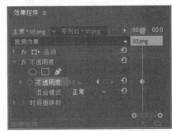

图 3-138

STEP 12 将时间标签放置在 05:08s 的位置，单击"不透明度"选项右侧的"添加/移除关键帧"按钮，如图 3-139 所示，记录第 3 个动画关键帧。将时间标签放置在 05:09s 的位置，将"不透明度"选项设置为 100.0%，如图 3-140 所示，记录第 4 个动画关键帧。篮球公园宣传片制作完成。

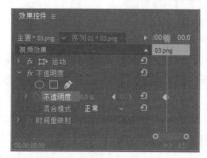
图 3-139

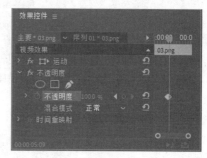
图 3-140

3.5.2 通用倒计时片头

通用倒计时通常用于影片开始前的倒计时准备。Premiere Pro CC 2019 为用户提供了现成的通用倒计时。用户可以非常便捷地创建一个标准的倒计时素材，并可以在 Premiere Pro CC 2019 中随时对其进行修改，如图 3-141 所示。

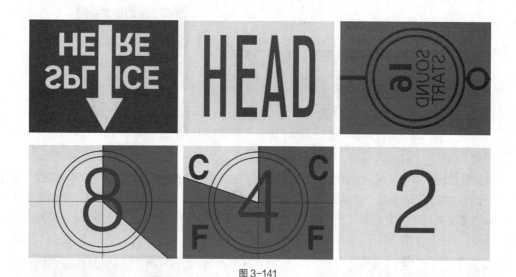
图 3-141

创建倒计时素材的具体操作步骤如下。

STEP 1 单击"项目"面板下方的"新建项"按钮，在弹出的列表中选择"通用倒计时片头"选项，打开"新建通用倒计时片头"对话框，如图 3-142 所示。设置完成后，单击"确定"按钮，弹出"通用倒计时设置"对话框，如图 3-143 所示。

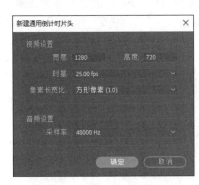

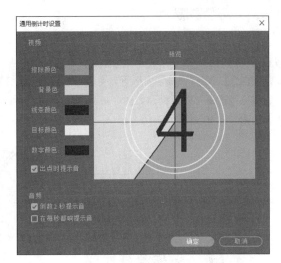

图 3-142　　　　　　　　　　　　　图 3-143

"通用倒计时设置"对话框中的选项说明如下。

"擦除颜色"：设置擦除颜色。播放倒计时影片时，指示线会不停围绕圆心转动，指示线转动方向后面的颜色为擦除颜色。

"背景色"：设置背景颜色。指示线转换方向之前的颜色为背景色。

"线条颜色"：设置指示线颜色。固定十字及转动的指示线的颜色由该项设定。

"目标颜色"：设置准星颜色。指定圆形准星的颜色。

"数字颜色"：设置数字颜色。指定倒计时影片中 8、7、6、5、4 等数字的颜色。

"出点时提示音"：设置结束提示标志。勾选该复选框后，在倒计时结束时显示标志图形。

"倒数 2 秒提示音"：设置 2 秒处提示音标志。勾选该复选框后，在显示"2"时发声。

"在每秒都响提示音"：设置每秒提示音标志。勾选该复选框后，在每秒开始的时候发声。

 设置完成后，单击"确定"按钮，Premiere Pro CC 2019 自动将该段倒计时影片加入项目窗口。

用户可在"项目"面板或"时间轴"面板中双击倒计时素材，随时打开"通用倒计时设置"对话框进行修改。

3.5.3　彩条和黑场

1. 彩条

在 Premiere Pro CC 2019 中，用户可以为影片在开始前加入一段彩条，如图 3-144 所示。

在"项目"面板下方单击"新建项"按钮，在弹出的列表中选择"彩条"选项，即可创建彩条。

2. 黑场

在 Premiere Pro CC 2019 中，用户可以在影片中创建一段黑场。在"项目"面板下方单击"新建项"按钮，在弹出的列表中选择"黑场"选项，即可创建黑场。

图 3-144

3.5.4　彩色蒙版

在 Premiere Pro CC 2019 中，用户还可以为影片创建一个颜色蒙版。用户可以将颜色蒙版当作背景，也可以利用"透明度"命令来设定与它相关的色彩的透明性。具体操作步骤如下。

STEP 1　在"项目"面板下方单击"新建项"按钮 ，在弹出的列表中选择"颜色遮罩"选项，打开"新建颜色遮罩"对话框，如图 3-145 所示。进行参数设置后，单击"确定"按钮，弹出"拾色器"对话框，如图 3-146 所示。

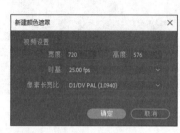

图 3-145

图 3-146

STEP 2　在"拾色器"对话框中选取蒙版所要使用的颜色，单击"确定"按钮。用户可在"项目"面板或"时间轴"面板中双击颜色蒙版，随时打开"拾色器"对话框进行修改。

3.5.5　透明视频

在 Premiere Pro CC 2019 中，用户可以创建一个透明的视频层，它能够将特效应用到一系列的影片剪辑中，而无须重复地复制和粘贴属性。只要应用一个特效到透明视频轨道上，特效结果将自动出现在下面的所有视频轨道中。

3.6　课堂练习——都市生活展示

🔍 **练习知识要点**

使用"导入"命令导入视频文件，使用"速度/持续时间"命令调整影片播放速度，使用"切割"工具切割素材文件，使用"基本图形"面板添加图形文本。都市生活展示效果如图 3-147 所示。

图 3-147

都市生活展示

+ **效果所在位置**

资源包/Ch03/都市生活展示/都市生活展示.prproj。

3.7 课后习题——璀璨烟火赏析

+ **习题知识要点**

　　使用"导入"命令导入视频文件，使用"插入"按钮插入视频文件，使用"剃刀"工具切割影片，使用"基本图形"面板添加文本。璀璨烟火赏析效果如图 3-148 所示。

璀璨烟火赏析

图 3-148

+ **效果所在位置**

资源包/Ch03/璀璨烟火赏析/璀璨烟火赏析.prproj。

Chapter

4

第 4 章
视频转场效果

本章主要讲解在 Premiere 的影片素材之间或在静止图像素材之间建立丰富多彩的切换特效的方法，每一个图像切换的控制方式具有很多可调的选项。本章内容对于影视剪辑中的镜头切换具有非常实用的价值，可以使剪辑的画面更富于变化、更生动多彩。

课堂学习目标

● 熟练掌握转场特技设置

● 掌握高级转场特技的使用
方法和技巧

4.1 转场特技设置

转场包括使用镜头切换、调整切换区域、切换设置和默认切换设置等多种基本操作。下面对转场特技设置进行讲解。

4.1.1 课堂案例——时尚女孩电子相册

案例学习目标

学习使用转场过渡制作图像转场效果。

案例知识要点

使用"导入"命令导入素材文件，使用"立方体旋转"特效、"圆划像"特效、"楔形擦除"特效、"百叶窗"特效、"风车"特效和"插入"特效制作图片之间的过渡效果，使用"效果控件"面板调整视频文件的大小。时尚女孩电子相册效果如图 4-1 所示。

图 4-1

时尚女孩电子相册

效果所在位置

资源包/Ch04/时尚女孩电子相册/时尚女孩电子相册.prproj。

STEP 1 启动 Premiere Pro CC 2019 软件，选择"文件 > 新建 > 项目"命令，弹出"新建项目"对话框，如图 4-2 所示，单击"确定"按钮，新建项目。选择"文件 > 新建 > 序列"命令，弹出"新建序列"对话框，单击"设置"选项卡，设置图 4-3 所示参数，单击"确定"按钮，新建序列。

图 4-2　　　　　　　　　　　　图 4-3

STEP 2 选择"文件 > 导入"命令，打开"导入"对话框，选择资源包中的"Ch04/时尚女孩电子相册/素材"路径下的"01"～"05"文件，如图4-4所示，单击"打开"按钮，将素材文件导入"项目"面板中，如图4-5所示。

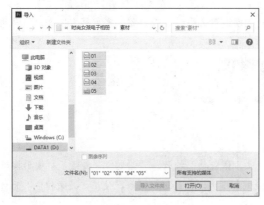

图 4-4   图 4-5

STEP 3 在"项目"面板中，选中"01"～"04"文件并将其拖曳到"时间轴"面板的"视频 1"轨道中，在弹出的"剪辑不匹配警告"对话框中单击"保持现有设置"按钮，在保持现有序列设置的情况下将文件放置在"视频1"轨道中，如图4-6所示。选中"时间轴"面板中的"01"文件，选择"效果控件"面板，展开"运动"选项，将"缩放"选项设置为67.0，如图4-7所示。用相同的方法调整其他素材文件的缩放效果。

图 4-6   图 4-7

STEP 4 在"项目"面板中，选中"05"文件并将其拖曳到"时间轴"面板的"视频 2"轨道中，如图4-8所示。选中"时间轴"面板中的"05"文件，选择"效果控件"面板，展开"运动"选项，将"缩放"选项设置为130.0，如图4-9所示。

图 4-8   图 4-9

STEP 5 选择"效果"面板,展开"视频过渡"特效分类选项,单击"3D 运动"文件夹前面的三角形按钮▶将其展开,选中"立方体旋转"特效,如图 4-10 所示。将"立方体旋转"特效拖曳到"时间轴"面板"视频 1"轨道中的"01"文件的开始位置,如图 4-11 所示。

 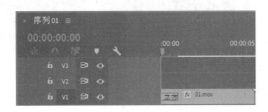

图 4-10   图 4-11

STEP 6 选择"效果"面板,展开"视频过渡"特效分类选项,单击"划像"文件夹前面的三角形按钮▶将其展开,选中"圆划像"特效,如图 4-12 所示。将"圆划像"特效拖曳到"时间轴"面板"视频 1"轨道中的"01"文件的结束位置与"02"文件的开始位置,如图 4-13 所示。

图 4-12   图 4-13

STEP 7 选择"效果"面板,展开"视频过渡"特效分类选项,单击"擦除"文件夹前面的三角形按钮▶将其展开,选中"楔形擦除"特效,如图 4-14 所示。将"楔形擦除"特效拖曳到"时间轴"面板"视频 1"轨道中的"02"文件的结束位置与"03"文件的开始位置,如图 4-15 所示。

图 4-14   图 4-15

STEP 8 选择"效果"面板,展开"视频过渡"特效分类选项,单击"擦除"文件夹前面的三角形按钮▶将其展开,选中"百叶窗"特效,如图 4-16 所示。将"百叶窗"特效拖曳到"时间轴"面板"视频 1"轨道中的"03"文件的结束位置与"04"文件的开始位置,如图 4-17 所示。

图 4-16　　　　　　　　　　　图 4-17

STEP 9 选择"效果"面板，展开"视频过渡"特效分类选项，单击"擦除"文件夹前面的三角形按钮 将其展开，选中"风车"特效，如图 4-18 所示。将"风车"特效拖曳到"时间轴"面板"视频 2"轨道中的"04"文件的结束位置，如图 4-19 所示。

图 4-18　　　　　　　　　　　图 4-19

STEP 10 选择"效果"面板，展开"视频过渡"特效分类选项，单击"擦除"文件夹前面的三角形按钮 将其展开，选中"插入"特效，如图 4-20 所示。将"插入"特效拖曳到"时间轴"面板"视频 2"轨道中的"05"文件的开始位置，如图 4-21 所示。时尚女孩电子相册制作完成。

图 4-20　　　　　　　　　　　图 4-21

4.1.2　使用镜头切换

　　一般情况下，切换是在同一轨道的两个相邻素材之间使用的。当然，也可以单独为一个素材添加切换，这时候素材与其下方的轨道进行切换，但是下方的轨道只是作为背景使用，并不能被切换控制，如图 4-22 所示。

为影片添加切换后，可以改变切换的长度。最简单的方法是在序列中选中切换 交叉溶解 ，拖曳切换的边缘即可。此外，还可以双击切换打开"效果控件"面板，如图 4-23 所示，在该面板中对切换进行进一步调整。

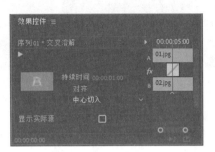

图 4-22　　　　　　　　　　　　　图 4-23

4.1.3　调整切换区域

在"效果控件"面板右侧的时间轴区域里可以设置切换的长度和位置。两段影片加入切换后，时间轴上会有一个重叠区域，这个重叠区域就是发生切换的范围。与"时间轴"面板中只显示入点和出点之间的影片不同，在"效果控件"面板中会显示影片的完全长度。这样设置的优点是可以随时修改影片参与切换的位置。

将鼠标指针移动到影片上，按住鼠标左键拖曳，即可移动影片的位置，改变切换的影响区域。

将鼠标指针移动到切换中线上拖曳，可以改变切换位置，如图 4-24 所示。还可以将鼠标指针移动到切换上拖曳改变位置，如图 4-25 所示。

图 4-24　　　　　　　　　　　　　图 4-25

在"效果控件"面板左侧的"对齐"下拉列表中提供了以下 4 种切换对齐方式。
- "中心切入"：将切换添加到两个剪辑的中间部分，如图 4-26 和图 4-27 所示。
- "起点切入"：以片段 B 的入点位置为准建立切换，如图 4-28 和图 4-29 所示。

图 4-26　　　　　图 4-27　　　　　　　图 4-28　　　　　图 4-29

● "终点切入"：将切换点添加到第一个剪辑的结尾处，如图4-30和图4-31所示。
● "自定义起点"：表示可以通过自定义添加设置。

将鼠标指针移动到切换边缘，可以拖曳鼠标改变切换的长度，如图4-32和图4-33所示。

图4-30   图4-31   图4-32   图4-33

4.1.4 切换设置

在"效果控件"面板左侧的切换设置中，可以对切换进行进一步的设置。

在默认情况下，切换都是按从图像A到图像B的顺序完成的。若要改变切换的开始和结束的状态，可拖曳"开始"和"结束"滑块。按住Shift键并拖曳滑块可以使开始和结束滑块以相同的数值变化。

勾选"显示实际源"复选框，可以在复选框上方"开始"和"结束"窗口中显示切换的开始和结束帧，如图4-34所示。

在"效果控件"面板上方单击"播放"按钮▶，可以在小视窗中预览切换效果，如图4-35所示。对于某些有方向性的切换来说，可以在上方小视窗中单击箭头改变切换的方向。

图4-34   图4-35

某些切换具有位置性质，如出入屏的时候，为了知道画面从屏幕的哪个位置开始，可以在切换的开始和结束显示框中调整位置。

"效果控件"面板上方的"持续时间"栏中可以输入切换的持续时间，这与拖曳切换边缘改变长度的效果是相同的。

4.1.5 设置默认切换

选择"编辑 > 首选项 > 时间轴"命令，在弹出的"首选项"对话框中进行切换的默认设置。

可以将当前选定的切换设为默认切换，这样，在使用如自动导入功能时，所建立的都是该切换。其次，还可以分别设定视频和音频切换的默认时间，如图4-36所示。

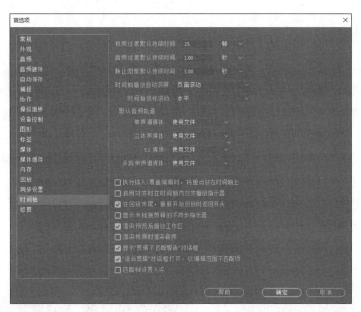

图 4-36

4.2 高级转场特技

在 Premiere 中，各种转换特效根据类型的不同分别被放在"效果"窗口的"视频特效"文件夹下的子文件夹中，用户可以根据使用的转换类型，进行快速查找。

4.2.1　课堂案例——美食创意混剪

⊕ **案例学习目标**

学习使用转场过渡制作图像转场效果。

⊕ **案例知识要点**

使用"导入"命令导入视频文件，使用"VR 球形模糊"特效、"VR 漏光"特效、"叠加溶解"特效、"非叠加溶解"特效、"VR 默比乌斯缩放"特效和"交叉溶解"特效制作视频之间的过渡效果，使用"效果控件"面板编辑视频文件的大小。美食创意混剪效果如图 4-37 所示。

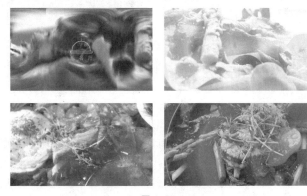

美食创意混剪

图 4-37

🔍 **效果所在位置**

资源包/Ch04/美食创意混剪/美食创意混剪.prproj。

STEP 1 启动 Premiere Pro CC 2019 软件，选择"文件 > 新建 > 项目"命令，弹出"新建项目"对话框，如图 4-38 所示，单击"确定"按钮，新建项目。选择"文件 > 新建 > 序列"命令，弹出"新建序列"对话框，单击"设置"选项卡，设置图 4-39 所示参数，单击"确定"按钮，新建序列。

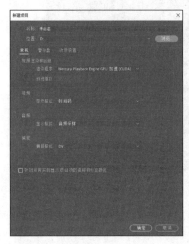 

图 4-38   图 4-39

STEP 2 选择"文件 > 导入"命令，打开"导入"对话框，选择资源包中的"Ch04/美食创意混剪/素材"路径下的"01"～"05"文件，如图 4-40 所示，单击"打开"按钮，将素材文件导入"项目"面板中，如图 4-41 所示。

图 4-40   图 4-41

STEP 3 在"项目"面板中，选中"01"～"04"文件并将其拖曳到"时间轴"面板的"视频 1"轨道中，在弹出的"剪辑不匹配警告"对话框中单击"保持现有设置"按钮，在保持现有序列设置的情况下将文件放置在"视频 1"轨道中，如图 4-42 所示。选中"时间轴"面板中的"01"文件，选择"效果控件"面板，展开"运动"选项，将"缩放"选项设置为 67.0，如图 4-43 所示。用相同的方法调整其他素材文件的缩放效果。

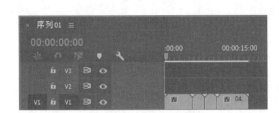

图 4-42　　　　　　　　　　　　　图 4-43

STEP 4 在"项目"面板中，选中"05"文件并将其拖曳到"时间轴"面板的"视频 2"轨道中，如图 4-44 所示。

STEP 5 选择"效果"面板，展开"视频过渡"特效分类选项，单击"沉浸式视频"文件夹前面的三角形按钮 将其展开，选中"VR 球形模糊"特效，如图 4-45 所示。将"VR 球形模糊"特效拖曳到"时间轴"面板"视频 1"轨道中的"01"文件的开始位置，如图 4-46 所示。

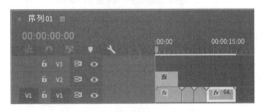

图 4-44

图 4-45　　　　　　　　　　　　图 4-46

STEP 6 选择"效果"面板，展开"视频过渡"特效分类选项，单击"沉浸式视频"文件夹前面的三角形按钮 将其展开，选中"VR 漏光"特效，如图 4-47 所示。将"VR 漏光"特效拖曳到"时间轴"面板"视频 1"轨道中的"01"文件的结束位置与"02"文件的开始位置，如图 4-48 所示。

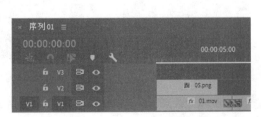

图 4-47　　　　　　　　　　　　图 4-48

STEP 7 选择"效果"面板，单击"溶解"文件夹前面的三角形按钮▶将其展开，选中"叠加溶解"特效，如图 4-49 所示。将"叠加溶解"特效拖曳到"时间轴"面板"视频 1"轨道中的"02"文件的结束位置与"03"文件的开始位置，如图 4-50 所示。

图 4-49   图 4-50

STEP 8 选择"效果"面板，单击"溶解"文件夹前面的三角形按钮▶将其展开，选中"非叠加溶解"特效，如图 4-51 所示。将"非叠加溶解"特效拖曳到"时间轴"面板"视频 1"轨道中的"03"文件的结束位置与"04"文件的开始位置，如图 4-52 所示。

图 4-51   图 4-52

STEP 9 选择"效果"面板，单击"沉浸式视频"文件夹前面的三角形按钮▶将其展开，选中"VR 默比乌斯缩放"特效，如图 4-53 所示。将"VR 默比乌斯缩放"特效拖曳到"时间轴"面板"视频 1"轨道中的"04"文件的结束位置，如图 4-54 所示。

图 4-53   图 4-54

STEP 10 选择"效果"面板，单击"溶解"文件夹前面的三角形按钮▶将其展开，选中"交叉溶解"特效，如图 4-55 所示。将"交叉溶解"特效拖曳到"时间轴"面板"视频 2"轨道中的"05"文件的开始位置，如图 4-56 所示。美食创意混剪制作完成。

图 4-55   图 4-56

4.2.2 3D 运动

在 "3D 运动" 文件夹中共包含 2 种三维运动效果的场景切换。

1. 立方体旋转

"立方体旋转" 特效可以使影片 A 和影片 B 如同立方体的两个面进行过渡转换，效果如图 4-57 和图 4-58 所示。

图 4-57   图 4-58

2. 翻转

"翻转" 特效使影片 A 翻转到影片 B。在 "效果控件" 面板中单击 "自定义" 按钮，弹出 "翻转设置" 对话框，如图 4-59 所示。

"翻转设置" 对话框中的选项说明如下。

"带"：用于输入空翻的影像数量。带的最大数值为 8。

"填充颜色"：用于设置空白区域颜色。

"翻转" 切换转场效果如图 4-60 和图 4-61 所示。

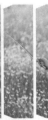

图 4-59   图 4-60   图 4-61

4.2.3 划像

在"划像"文件夹中包含 4 种视频转换特效。

1. 交叉划像

"交叉划像"特效使影片 B 呈十字形从影片 A 中展开，效果如图 4-62 和图 4-63 所示。

图 4-62 图 4-63

2. 圆划像

"圆划像"特效使影片 B 呈圆形从影片 A 中展开，效果如图 4-64 和图 4-65 所示。

图 4-64 图 4-65

3. 盒形划像

"盒形划像"特效使影片 B 呈矩形从影片 A 中展开，效果如图 4-66 和图 4-67 所示。

图 4-66 图 4-67

4. 菱形划像

"菱形划像"特效使影片 B 呈菱形从影片 A 中展开，效果如图 4-68 和图 4-69 所示。

图 4-68 图 4-69

4.2.4　擦除

"擦除"文件夹中共包含 17 种切换的视频转场特效。

1．划出

"划出"特效使影片 B 逐渐扫过影片 A，效果如图 4-70 和图 4-71 所示。

图 4-70　　　　　　　　　　　　　　　　图 4-71

2．双侧平推门

"双侧平推门"特效使影片 A 以展开和关门的方式过渡到影片 B，效果如图 4-72 和图 4-73 所示。

图 4-72　　　　　　　　　　　　　　　　图 4-73

3．带状擦除

"带状擦除"特效使影片 B 从水平方向以条状进入并覆盖影片 A，效果如图 4-74 和图 4-75 所示。

图 4-74　　　　　　　　　　　　　　　　图 4-75

4．径向擦除

"径向擦除"特效使影片 B 从影片 A 的一角扫入画面，效果如图 4-76 和图 4-77 所示。

图 4-76　　　　　　　　　　　　　　　　图 4-77

5. 插入

"插入"特效使影片 B 从影片 A 的左上角斜插进入画面，效果如图 4-78 和图 4-79 所示。

图 4-78

图 4-79

6. 时钟式擦除

"时钟式擦除"特效使影片 A 以时针转动方式过渡到影片 B，效果如图 4-80 和图 4-81 所示。

图 4-80

图 4-81

7. 棋盘

"棋盘"特效使影片 A 以棋盘消失方式过渡到影片 B，效果如图 4-82 和图 4-83 所示。

图 4-82

图 4-83

8. 棋盘擦除

"棋盘擦除"特效使影片 B 以方格形式逐行出现并覆盖影片 A，效果如图 4-84 和图 4-85 所示。

图 4-84

图 4-85

9. 楔形擦除

"楔形擦除"特效使影片 B 呈扇形打开扫入，效果如图 4-86 和图 4-87 所示。

图 4-86   图 4-87

10. 水波块

"水波块"特效使影片 B 沿 "Z" 字形交错扫过影片 A。操作方法为：在"效果控件"面板中单击"自定义"按钮，弹出"水波块设置"对话框，如图 4-88 所示，在对话框中进行相关设置。

"水波块设置"对话框中的选项说明如下。

"水平"：输入水平方向的方格数量。

"垂直"：输入垂直方向的方格数量。

图 4-88

"水波块"切换特效如图 4-89 和图 4-90 所示。

图 4-89   图 4-90

11. 油漆飞溅

"油漆飞溅"特效使影片 B 以墨点状覆盖影片 A，效果如图 4-91 和图 4-92 所示。

图 4-91   图 4-92

12. 渐变擦除

可以用一张灰度图像制作"渐变擦除"特效的渐变切换。在渐变切换中，影片 A 充满灰度图像的黑色区域，然后通过每一个灰度开始显示进行切换，直到白色区域完全透明。

"渐变擦除"的操作方法为：在"效果控件"面板中单击"自定义"按钮，弹出"渐变擦除设置"对话框，如图4-93所示，在对话框中进行相关设置。

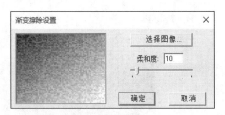

图4-93

"渐变擦除设置"对话框中的选项说明如下。

"选择图像"：单击此按钮，可以选择作为灰度图的图像。

"柔和度"：设置过渡边缘的羽化程度。

"渐变擦除"切换特效如图4-94和图4-95所示。

图4-94   图4-95

13. 百叶窗

"百叶窗"特效使影片B在逐渐加粗的线条中显示，类似于百叶窗效果，效果如图4-96和图4-97所示。

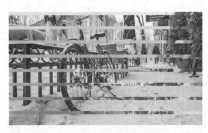

图4-96   图4-97

14. 螺旋框

"螺旋框"特效使影片B以螺纹块状旋转出现。操作方法为：在"效果控件"面板中单击"自定义"按钮，弹出"螺旋框设置"对话框，如图4-98所示，在对话框中进行相关设置。

"螺旋框设置"对话框中的选项说明如下。

"水平"：输入水平方向的方格数量。

"垂直"：输入垂直方向的方格数量。

"螺旋框"切换效果如图4-99和图4-100所示。

图4-98   图4-99   图4-100

15. 随机块

"随机块"特效使影片 B 以方块形式随意出现并覆盖影片 A，效果如图 4-101 和图 4-102 所示。

图 4-101　　　　　　　　　　　　　　图 4-102

16. 随机擦除

"随机擦除"特效使影片 B 产生随意方块，以由上向下擦除的形式覆盖影片 A，效果如图 4-103 和图 4-104 所示。

图 4-103　　　　　　　　　　　　　　图 4-104

17. 风车

"风车"特效使影片 B 以风车轮状旋转覆盖影片 A，效果如图 4-105 和图 4-106 所示。

图 4-105　　　　　　　　　　　　　　图 4-106

4.2.5　沉浸式视频

"沉浸式视频"文件夹中共包含 8 种切换的视频转场特效。该特效用于 VR 环境（即 3D 全景），普通素材也可以应用这些特效，但在 3D 全景中表现更加明显。

1. VR 光圈擦除

"VR 光圈擦除"特效使影片 A 以光圈擦除的方式显示出影片 B，效果如图 4-107 和图 4-108 所示。

图 4-107

图 4-108

2. VR 光线

"VR 光线"特效使影片 A 逐渐变为强光线淡化显示出影片 B，效果如图 4-109 和图 4-110 所示。

图 4-109

图 4-110

3. VR 渐变擦除

"VR 渐变擦除"特效使影片 A 以渐变擦除的方式显示出影片 B，效果如图 4-111 和图 4-112 所示。

图 4-111

图 4-112

4. VR 漏光

"VR 漏光"特效使影片 A 以漏光方式逐渐显示出影片 B，效果如图 4-113 和图 4-114 所示。

图 4-113

图 4-114

5. VR 球形模糊

"VR 球形模糊"特效使影片 A 以球形模糊的方式逐渐淡化显示出影片 B，效果如图 4-115 和图 4-116

所示。

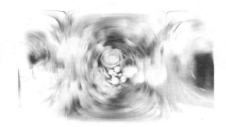

图 4-115　　　　　　　　　　　　　　　图 4-116

6. VR 色度泄露

"VR 色度泄露"特效使影片 A 以色度泄露的方式显示出影片 B，效果如图 4-117 和图 4-118 所示。

图 4-117　　　　　　　　　　　　　　　图 4-118

7. VR 随机块

"VR 随机块"特效将影片 A 以随机方块的方式显示出影片 B，效果如图 4-119 和图 4-120 所示。

图 4-119　　　　　　　　　　　　　　　图 4-120

8. VR 默比乌斯缩放

"VR 默比乌斯缩放"特效将影片 A 以默比乌斯缩放的方式显示出影片 B，效果如图 4-121 和图 4-122 所示。

图 4-121　　　　　　　　　　　　　　　图 4-122

4.2.6 溶解

在"溶解"文件夹下，共包含 7 种溶解效果的视频转场特效。

1. MorphCut

"MorphCut"特效可以对 A、B 影片进行画面分析，在转场过程中产生无缝连接的效果，多用于特写镜头，但是对快速运动、复杂变化的影像效果有限。

2. 交叉溶解

"交叉溶解"特效使影片 A 渐隐为影片 B，效果如图 4-123 和图 4-124 所示。该切换为标准的淡入/淡出切换。在支持 Premiere Pro CC 2019 的双通道视频卡上，该切换可以实现实时播放。

图 4-123   图 4-124

3. 叠加溶解

"叠加溶解"特效使影片 A 以加亮模式渐隐为影片 B，效果如图 4-125 和图 4-126 所示。

图 4-125   图 4-126

4. 渐隐为白色

"渐隐为白色"特效使影片 A 以变亮的模式渐隐为影片 B，效果如图 4-127 和图 4-128 所示。

图 4-127   图 4-128

5. 胶片溶解

"胶片溶解"特效使影片 A 以胶片方式渐隐于影片 B，效果如图 4-129 和图 4-130 所示。

图 4-129　　　　　　　　　　　　　图 4-130

6. 非叠加溶解

"非叠加溶解"特效使影片 A 与影片 B 的亮度叠加消溶显示影片 B，效果如图 4-131 和图 4-132 所示。

图 4-131　　　　　　　　　　　　　图 4-132

7. 渐隐为黑色

"渐隐为黑色"特效使影片 A 以变暗的方式淡化为影片 B，效果如图 4-133 和图 4-134 所示。

图 4-133　　　　　　　　　　　　　图 4-134

4.2.7　课堂案例——儿童成长电子相册

案例学习目标

学习使用转场过渡制作图像转场效果。

案例知识要点

使用"导入"命令导入视频文件，使用"滑动"特效、"拆分"特效、"翻页"特效和"交叉缩放"特效制作视频之间的过渡效果，使用"效果控件"面板编辑视频文件的大小。儿童成长电子相册效果如图 4-135 所示。

儿童成长电子相册

图 4-135

🔍 **效果所在位置**

Ch04/儿童成长电子相册/儿童成长电子相册.prproj。

STEP⤵1 启动 Premiere Pro CC 2019 软件，选择"文件 > 新建 > 项目"命令，弹出"新建项目"对话框，如图 4-136 所示，单击"确定"按钮，新建项目。选择"文件 > 新建 > 序列"命令，弹出"新建序列"对话框，单击"设置"选项卡，设置图 4-137 所示参数，单击"确定"按钮，新建序列。

图 4-136   图 4-137

STEP⤵2 选择"文件 > 导入"命令，打开"导入"对话框，选择资源包中的"Ch04/儿童成长电子相册/素材"路径下的"01"～"06"文件，如图 4-138 所示，单击"打开"按钮，将素材文件导入"项目"面板中，如图 4-139 所示。

图 4-138

图 4-139

STEP ↘ 3 在"项目"面板中，选中"01"文件并将其拖曳到"时间轴"面板的"视频 1"轨道中，在弹出的"剪辑不匹配警告"对话框中单击"保持现有设置"按钮，在保持现有序列设置的情况下将"01"文件放置在"视频 1"轨道中，如图 4-140 所示。选中"时间轴"面板中的"01"文件，选择"效果控件"面板，展开"运动"选项，将"缩放"选项设置为 50.0，如图 4-141 所示。

图 4-140

图 4-141

STEP ↘ 4 选择"剪辑 > 速度/持续时间"命令，在弹出的"剪辑速度/持续时间"对话框中进行设置，如图 4-142 所示，单击"确定"按钮，效果如图 4-143 所示。

图 4-142

图 4-143

STEP ↘ 5 在"项目"面板中，选中"02"～"05"文件并将其拖曳到"时间轴"面板的"视频 1"轨道中，如图 4-144 所示。选中"06"文件并将其拖曳到"时间轴"面板的"视频 2"轨道中，如图 4-145 所示。

图 4-144

图 4-145

STEP 6 选择"效果"面板，展开"视频过渡"特效分类选项，单击"缩放"文件夹前面的三角形按钮 ▶ 将其展开，选中"交叉缩放"特效，如图 4-146 所示。将"交叉缩放"特效拖曳到"时间轴"面板"视频 2"轨道中的"06"文件的开始位置，如图 4-147 所示。

图 4-146

图 4-147

STEP 7 选择"效果"面板，单击"滑动"文件夹前面的三角形按钮 ▶ 将其展开，选中"滑动"特效，如图 4-148 所示。将"滑动"特效拖曳到"时间轴"面板"视频 1"轨道中的"02"文件的结束位置和"03"文件的开始位置，如图 4-149 所示。

图 4-148

图 4-149

STEP 8 选择"效果"面板，单击"滑动"文件夹前面的三角形按钮 ▶ 将其展开，选中"拆分"特效，如图 4-150 所示。将"拆分"特效拖曳到"时间轴"面板"视频 1"轨道中的"03"文件的结束位置和"04"文件的开始位置，如图 4-151 所示。

图 4-150

图 4-151

STEP 9 选择"效果"面板,单击"页面剥落"文件夹前面的三角形按钮 将其展开,选中"翻页"特效,如图 4-152 所示。将"翻页"特效拖曳到"时间轴"面板"视频 1"轨道中的"04"文件的结束位置和"05"文件的开始位置,如图 4-153 所示。儿童成长电子相册制作完成。

图 4-152 图 4-153

4.2.8 滑动

在"滑动"文件夹中共包含 5 种视频切换效果。

1. 中心拆分

"中心拆分"特效使影片 A 从中心分裂为 4 块向四角滑出显示影片 B,效果如图 4-154 和图 4-155 所示。

图 4-154 图 4-155

2. 带状滑动

"带状滑动"特效使影片 B 以条状进入并逐渐覆盖影片 A。操作方法为:双击效果,在"效果控件"面板中单击"自定义"按钮,弹出"带状滑动设置"对话框,如图 4-156 所示,在对话框中进行相关设置。

"带状滑动设置"对话框中的选项说明如下。

"带数量":输入切换带数目。

"带状滑动"转换特效效果如图 4-157 和图 4-158 所示。

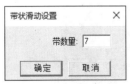  

图 4-156 图 4-157 图 4-158

3. 拆分

"拆分"特效使影片 A 像自动门一样打开露出影片 B，效果如图 4-159 和图 4-160 所示。

图 4-159   图 4-160

4. 推

"推"特效使影片 B 将影片 A 推出屏幕，效果如图 4-161 和图 4-162 所示。

图 4-161   图 4-162

5. 滑动

"滑动"特效使影片 B 滑入并覆盖影片 A，效果如图 4-163 和图 4-164 所示。

图 4-163   图 4-164

4.2.9 缩放

在"缩放"文件夹下共包含 1 种以缩放方式过渡的切换视频特效。"交叉缩放"特效使影片 A 放大冲出，影片 B 缩小进入，效果如图 4-165 和图 4-166 所示。

图 4-165   图 4-166

4.2.10　页面剥落

在 "页面剥落" 文件夹中共有以下 2 种视频切换效果。

1. 翻页

"翻页" 特效使影片 A 从左上角向右下角卷动，露出影片 B，效果如图 4-167 和图 4-168 所示。

图 4-167　　　　　　　　　　　　　　　　图 4-168

2. 页面剥落

"页面剥落" 特效使影片 A 像纸一样翻面卷起，露出影片 B，如图 4-169 和图 4-170 所示。

图 4-169　　　　　　　　　　　　　　　　图 4-170

4.3　课堂练习——陶瓷艺术宣传片

练习知识要点

使用 "导入" 命令导入素材文件，使用 "滑动" 特效、"划像" 特效、"页面剥落" 特效和 "沉浸式视频" 特效制作图片之间的转场效果，使用 "效果控件" 面板调整转场特效。陶瓷艺术宣传片效果如图 4-171 所示。

陶瓷艺术宣传片

图 4-171

+ **效果所在位置**

资源包/Ch04/陶瓷艺术宣传片/陶瓷艺术宣传片.prproj。

4.4 课后习题——自驾网宣传片

+ **习题知识要点**

使用"导入"命令导入视频文件，使用"带状滑动"特效、"推"特效、"交叉缩放"特效和"翻页"特效制作视频之间的过渡效果，使用"效果控件"面板编辑视频文件的大小。自驾网宣传片效果如图4-172所示。

自驾网宣传片

图4-172

+ **效果所在位置**

资源包/Ch04/自驾网宣传片/自驾网宣传片.prproj。

Chapter

5

第 5 章
视频特效应用

本章主要讲解 Premiere 中的视频特效，这些特效可以应用在视频、图片和文字上。通过对本章的学习，读者可以快速了解并掌握视频特效制作的精髓，随心所欲地创作出丰富多彩的视觉效果。

课堂学习目标

- 了解应用视频特效的方法
- 掌握使用关键帧控制效果的操作方法
- 熟练掌握视频特效与特效操作

5.1 应用视频特效

在 Premiere 中的编辑过程是非线性的，可以在任何时候插入、复制、替换、传递和删除素材片段，还可以采取各种各样的顺序和效果进行试验，并在合成最终影片或输出到磁带前进行预演。

为素材添加一个效果很简单，只需从"效果"窗口中拖曳一个特效到"时间轴"面板中的素材片段上。如果素材片段处于被选中状态，也可以拖曳效果到该片段的"效果控件"面板中。

5.2 使用关键帧控制效果

在 Premiere 中，可以添加、选择和编辑关键帧，下面对关键帧的基本操作进行具体介绍。

5.2.1 课堂案例——涂鸦女孩电子相册

案例学习目标

使用模糊特效制作电子相册。

案例知识要点

使用"导入"命令导入素材文件，使用"效果控件"面板中的"缩放"选项调整图像大小并制作动画，使用"高斯模糊"和"方向模糊"特效制作素材文件的模糊效果。涂鸦女孩电子相册效果如图 5-1 所示。

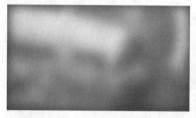

涂鸦女孩电子相册

图 5-1

效果所在位置

资源包/Ch05/涂鸦女孩电子相册/涂鸦女孩电子相册.prproj。

STEP 1 启动 Premiere Pro CC 2019 软件，选择"文件 > 新建 > 项目"命令，弹出"新建项目"对话框，如图 5-2 所示，单击"确定"按钮，新建项目。选择"文件 > 新建 > 序列"命令，弹出"新建序列"对话框，单击"设置"选项卡，设置图 5-3 所示参数，单击"确定"按钮，新建序列。

图 5-2

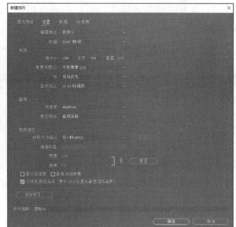

图 5-3

STEP 2 选择"文件 > 导入"命令，弹出"导入"对话框，选择资源包中的"Ch05/涂鸦女孩电子相册/素材"路径下的"01"～"03"文件，如图 5-4 所示，单击"打开"按钮，将素材文件导入"项目"面板中，如图 5-5 所示。

图 5-4

图 5-5

STEP 3 在"项目"面板中，选中"01"和"02"文件并将其拖曳到"时间轴"面板中的"视频 1"轨道中，在弹出的"剪辑不匹配警告"对话框中单击"保持现有设置"按钮，在保持现有序列设置的情况下将文件放置在"视频 1"轨道中，如图 5-6 所示。选中"时间轴"面板中的"01"文件，选择"效果控件"面板，展开"运动"选项，将"缩放"选项设置为 67.0，如图 5-7 所示。用相同的方法调整"02"文件的缩放效果。

图 5-6

图 5-7

STEP 4 将时间标签放置在 13:14s 的位置上，在"项目"面板中，选中"03"文件并将其拖曳
到"时间轴"面板的"视频 2"轨道中，如图 5-8 所示。将鼠标指针放在"03"文件的结束位置并单击，
显示编辑点。当鼠标指针呈 ◀ 时，向右拖曳指针到"02"文件的结束位置，如图 5-9 所示。

图 5-8

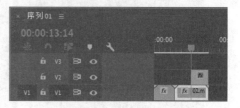

图 5-9

STEP 5 选择"效果"面板，展开"视频效果"特效分类选项，单击"模糊与锐化"文件夹前面
的三角形按钮 ▶ 将其展开，选中"高斯模糊"特效，如图 5-10 所示。将"高斯模糊"特效拖曳到"时间轴"
面板"视频 1"轨道中的"01"文件上，如图 5-11 所示。

图 5-10

图 5-11

STEP 6 选中"时间轴"面板中的"01"文件。将时间标签放置在 0s 的位置，选择"效果控件"
面板，展开"高斯模糊"选项，将"模糊度"选项设置为 200.0，单击"模糊度"选项左侧的"切换动画"
按钮 ⏱，如图 5-12 所示，记录第 1 个动画关键帧。将时间标签放置在 01:15s 的位置，将"模糊度"选项
设置为 0.0，如图 5-13 所示，记录第 2 个动画关键帧。

图 5-12

图 5-13

STEP 7 选择"效果"面板，展开"视频效果"特效分类选项，单击"模糊与锐化"文件夹前面
的三角形按钮 ▶ 将其展开，选中"方向模糊"特效，如图 5-14 所示。将"方向模糊"特效拖曳到"时间轴"

面板"视频 1"轨道中的"02"文件上，如图 5-15 所示。

图 5-14

图 5-15

STEP 8 选中"时间轴"面板中的"02"文件。将时间标签放置在 07:16s 的位置，选择"效果控件"面板，展开"方向模糊"选项，将"方向"选项设置为 0.0，"模糊长度"选项设置为 200.0，单击"方向"和"模糊长度"选项左侧的"切换动画"按钮，如图 5-16 所示，记录第 1 个动画关键帧。将时间标签放置在 09:20s 的位置，将"方向"选项设置为 30.0，"模糊长度"选项设置为 0.0，如图 5-17 所示，记录第 2 个动画关键帧。

图 5-16

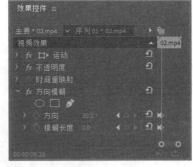

图 5-17

STEP 9 将时间标签放置在 13:14s 的位置，选中"时间轴"面板中的"03"文件，如图 5-18 所示。选择"效果控件"面板，展开"运动"选项，将"缩放"选项设置为 140.0，如图 5-19 所示。

图 5-18

图 5-19

STEP 10 选择"效果控件"面板，展开"不透明度"选项，将"不透明度"选项设置为 0.0%，如图5-20所示，记录第1个动画关键帧。将时间标签放置在15:00s的位置，将"不透明度"选项设置为100.0%，如图5-21所示，记录第2个动画关键帧。涂鸦女孩电子相册制作完成。

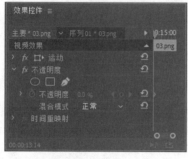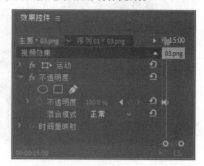

| 图5-20 | 图5-21 |

5.2.2　关于关键帧

要使效果随时间改变，可以使用关键帧技术。当创建了一个关键帧后，就可以指定一个效果属性在确切时间点上的值。当为多个关键帧赋予不同的值时，Premiere Pro会自动计算关键帧之间的值，这个处理过程称为"插补"。对于大多数标准效果，都可以在素材的整个时间长度中设置关键帧。对于固定效果，如位置和缩放，可以设置关键帧，使素材产生动画，也可以移动、复制或删除关键帧和改变插补的模式。

5.2.3　激活关键帧

为了设置动画效果属性，必须激活属性的关键帧，任何支持关键帧的效果属性都包括固定动画按钮 ⓞ，单击该按钮可插入一个关键帧。插入关键帧（即激活关键帧）后，就可以添加和调整素材所需的属性了，效果如图5-22所示。

图5-22

5.3　视频特效与特效操作

在认识了视频特效的基本使用方法之后，下面将对Premiere Pro CC 2019中的各视频特效进行详细的讲解。

5.3.1　课堂案例——峡谷风光创意写真

案例学习目标

使用变换和扭曲特效制作创意写真。

案例知识要点

使用"缩放"选项改变图像的大小，使用"镜像"命令制作镜像图像，使用"裁剪"命令剪切图像，使用"透明度"选项改变图像的不透明度，使用"照明效果"命令改变图像的灯光亮度。峡谷风光创意写真效果如图 5-23 所示。

图 5-23

峡谷风光创意写真

效果所在位置

资源包/Ch05/峡谷风光创意写真/峡谷风光创意写真.prproj。

STEP 1 启动 Premiere Pro CC 2019 软件，选择"文件 > 新建 > 项目"命令，弹出"新建项目"对话框，如图 5-24 所示，单击"确定"按钮，新建项目。选择"文件 > 新建 > 序列"命令，弹出"新建序列"对话框，单击"设置"选项卡，设置图 5-25 所示参数，单击"确定"按钮，新建序列。

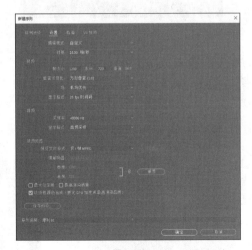

图 5-24　　　　　　　　　　　　　　　图 5-25

STEP 2 选择"文件 > 导入"命令，弹出"导入"对话框，选择资源包中的"Ch05/峡谷风光创意写真/素材"路径下的"01"和"02"文件，如图 5-26 所示，单击"打开"按钮，将素材文件导入"项目"面板中，如图 5-27 所示。

图 5-26   图 5-27

STEP 3 在"项目"面板中选中"01"文件并将其拖曳到"时间轴"面板的"视频 1"轨道上，在弹出的"剪辑不匹配警告"对话框中单击"保持现有设置"按钮，在保持现有序列设置的情况下将文件放置在"视频 1"轨道中，如图 5-28 所示。选中"时间轴"面板中的"01"文件，选择"效果控件"面板，展开"运动"选项，将"缩放"选项设置为 162.0，如图 5-29 所示。

图 5-28   图 5-29

STEP 4 选择"效果"面板，展开"视频效果"分类选项，单击"扭曲"文件夹左侧的三角形按钮▶将其展开，选中"镜像"特效，如图 5-30 所示。将"镜像"特效拖曳到"时间轴"面板"视频 1"轨道中的"01"文件上，如图 5-31 所示。

图 5-30   图 5-31

STEP 5 选择"效果控件"面板，展开"镜像"选项，将"反射中心"选项设置为 698.0 和 362.0，"反射角度"选项设置为 90.0°，如图 5-32 所示。"节目"监视器面板中的预览效果，如图 5-33 所示。

图 5-32　　　　　　　　　　　　　　　　　图 5-33

STEP 6 在"项目"面板中，选中"02"文件并将其拖曳到"时间轴"面板的"视频 2"轨道上，如图 5-34 所示。在"时间轴"面板中选中"视频 2"轨道中的"02"文件。

STEP 7 选择"效果"面板，单击"变换"文件夹左侧的三角形按钮▶将其展开，选中"裁剪"特效，如图 5-35 所示。将"裁剪"特效拖曳到"时间轴"面板"视频 2"轨道中的"02"文件上。在"效果控件"面板中，展开"裁剪"选项，将"顶部"选项设置为 67.0%，"羽化边缘"选项设置为 10，如图 5-36 所示。

图 5-34　　　　　　　　　　图 5-35　　　　　　　　　　图 5-36

STEP 8 在"效果控件"面板中，展开"不透明度"选项，将"不透明度"选项设置为 65.0%，如图 5-37 所示，记录第 1 个动画关键帧。将时间标签放置在 05:00s 的位置上，将"不透明度"选项设置为 45.0%，如图 5-38 所示，记录第 2 个动画关键帧。峡谷风光创意写真制作完成。

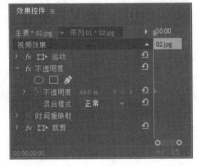

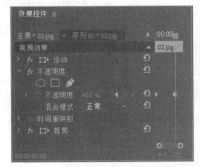

图 5-37　　　　　　　　　　　　　　　　　图 5-38

5.3.2 变换特效

"变换"特效主要通过对影像进行变换来制作出翻转、羽化和裁剪等效果，共包含 4 种特效。

1. 垂直翻转

该特效可以将图像沿水平轴垂直翻转。应用"垂直翻转"特效前、后的效果分别如图 5-39 和图 5-40 所示。

图 5-39   图 5-40

2. 水平翻转

该特效可以将图像沿垂直轴水平翻转。应用"水平翻转"特效前、后的效果分别如图 5-41 和图 5-42 所示。

图 5-41   图 5-42

3. 羽化边缘

该特效可以将图像的边缘进行虚化。应用该特效后，其参数面板如图 5-43 所示。

"效果控件"面板中的选项说明如下。

"数量"：用于设置羽化边缘的大小。

应用"羽化边缘"特效前、后的效果分别如图 5-44 和图 5-45 所示。

图 5-43   图 5-44   图 5-45

4. 裁剪

该特效用于裁剪图像。应用该特效后，其参数面板如图 5-46 所示。

"效果控件"面板中的选项说明如下。

"左侧"：用于设置裁剪左侧的数值。

"顶部"：用于设置裁剪顶部的数值。

"右侧"：用于设置裁剪右侧的数值。

"底部"：用于设置裁剪底部的数值。

"缩放"：勾选此复选框，可放大缩小图像。

"羽化边缘"：用于设置虚化图像的边缘。

应用"裁剪"特效前、后的效果分别如图 5-47 和图 5-48 所示。

图 5-46

图 5-47

图 5-48

5.3.3 实用程序

"实用程序"特效只包含"Cineon 转换器"一种特效，该特效主要用于使用 Cineon 转换器对影像色调进行调整和设置。应用该特效后，其参数面板如图 5-49 所示。应用"Cineon 转换器"特效前、后的效果分别如图 5-50 和图 5-51 所示。

图 5-49

图 5-50

图 5-51

5.3.4 扭曲特效

"扭曲"特效主要通过对图像进行几何扭曲变形来制作出各种画面变形效果，共包含 12 种特效。

1. 偏移

该特效可以根据设置的偏移量对图像进行位移。应用该特效后，其参数面板如图 5-52 所示。

"效果控件"面板中的选项说明如下。

"将中心移位至"：用于设置偏移的中心点坐标值。

"与原始图像混合"：用于设置偏移的程度，数值越大，效果越明显。

应用"偏移"特效前、后的效果分别如图5-53和图5-54所示。

图5-52　　　　　　　　　　图5-53　　　　　　　　　　图5-54

2. 变形稳定器

该特效会自动分析要稳定的素材，操作简单方便，并且在稳定的同时还能够使图像在剪裁、缩放等方面得到较好的控制。

3. 变换

该特效用于对图像的位置、尺寸、不透明度及倾斜度等进行综合设置。应用该特效后，其参数面板如图5-55所示。

"效果控件"面板中的选项说明如下。

"锚点"：用于设置定位点的坐标位置。

"位置"：用于设置素材在屏幕中的位置。

"缩放"：勾选此复选框，设置比例参数选项时将只能成比例地缩放素材。不勾选此复选框，将显示"缩放宽度"和"缩放高度"选项，用于设置素材的高度/宽度。

"倾斜"：用于设置素材的倾斜度。

"倾斜轴"：用于设置倾斜轴的角度。

"旋转"：用于设置素材放置的角度。

"不透明度"：用于设置素材的不透明度。

"快门角度"：用于设置素材的遮挡角度。

"采样"：用于选择采样方式，包含双线性和双立方。

应用"变换"特效前、后的效果分别如图5-56和图5-57所示。

图5-55　　　　　　　　　　图5-56　　　　　　　　　　图5-57

4. 放大

该特效可以将素材的某一部分放大，并可以调整放大区域的不透明度，羽化放大区域边缘。应用该特效后，其参数面板如图 5-58 所示。

"效果控件"面板中的选项说明如下。

"形状"：用于设置放大区域的形状。

"中央"：用于设置放大区域的中心点坐标值。

"放大率"：用于设置放大区域的放大倍数。

"链接"：用于选择放大区域的模式。

"大小"：用于设置产生放大效果区域的尺寸。

"羽化"：用于设置放大区域的羽化值。

"不透明度"：用于设置放大区域的不透明度。

"缩放"：用于设置缩放的方式。

"混合模式"：用于设置放大部分与原图颜色的混合模式。

"调整图层大小"：只有在"链接"选项中选择了"无"选项，才能勾选该复选框。

应用"放大"特效前、后的效果分别如图 5-59 和图 5-60 所示。

图 5-58 　　　　　　　　　　 图 5-59 　　　　　　　　　　 图 5-60

5. 旋转扭曲

该特效可以使图像产生沿中心轴旋转的效果。应用该特效后，其参数面板如图 5-61 所示。

"效果控件"面板中的选项说明如下。

"角度"：用于设置旋涡的旋转角度。

"旋转扭曲半径/中心"：用于设置产生旋涡的半径/中心点位置。

应用"旋转扭曲"特效前、后的效果分别如图 5-62 和图 5-63 所示。

图 5-61 　　　　　　　　　　 图 5-62 　　　　　　　　　　 图 5-63

6. 果冻效应修复

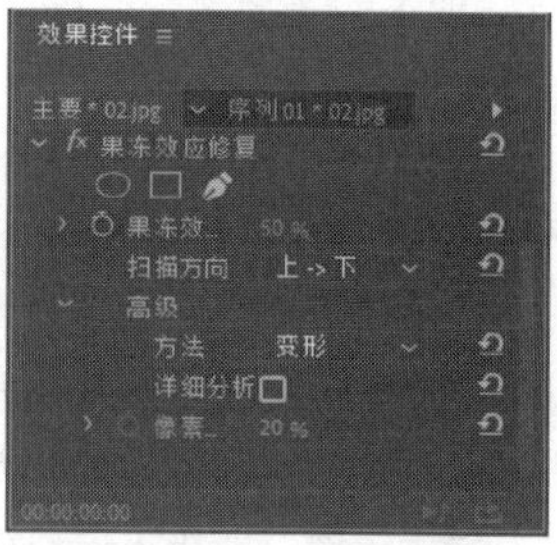

该特效可以修复由于摄像机或拍摄对象移动产生的延迟时间形成的扭曲。应用该特效后，其参数面板如图 5-64 所示。

"效果控件"面板中的选项说明如下。

"果冻效应比率"：用于指定帧速率（扫描时间）的百分比。

"扫描方向"：用于指定发生果冻效应扫描的方向。

"方法"：用于指示是否使用光流分析和像素运动重定时来生成变形的帧（像素运动），或者是否应该使用稀疏点跟踪以及变形方法（变形）。

"详细分析"：用于在变形中执行更为详细的分析。

"像素运动细节"：用于指定光流矢量场计算的详细程度。

图 5-64

7. 波形变形

该特效类似于波纹效果，可以对波纹的形状、方向及宽度等进行设置。应用该特效后，其参数面板如图 5-65 所示。

"效果控件"面板中的选项说明如下。

"波形类型"：用于选择波形的类型模式。

"波形高度"/"波形宽度"：用于设置波形的高度（振幅）/宽度（波长）。

"方向"：用于设置波形旋转的角度。

"波形速度"：用于设置波形的运动速度。

"固定"：用于设置波形面积模式。

"相位"：用于设置波形的角度。

"消除锯齿（最佳品质）"：用于选择波形特效的质量。

应用"波形变形"特效前、后的效果分别如图 5-66 和图 5-67 所示。

图 5-65

图 5-66

图 5-67

8. 湍流置换

该特效可以使素材产生类似于流水、旗帜飘动和哈哈镜等扭曲效果。应用该特效后，其参数面板如图 5-68 所示。

"效果控件"面板中的选项说明如下。

"置换"：用于设置湍流的类型，包含湍流、凸出、扭转、湍流较平滑、凸出较平滑、扭转较平滑、垂直置换、水平置换和交叉置换。

"数量"：用于设置湍流数量的大小。

"大小"：用于设置湍流数量的区域大小。

"偏移（湍流）"：用于设置湍流的分形部分。

"复杂度"：用于设置湍流的细节部分。

"演化"：用于设置随时间变化的湍流变化。

"演化选项"：用于在短周期内设置的演化效果。

"固定"：用于设置固定的范围。

"消除锯齿最佳品质"：用于设置消除锯齿的数量。

应用"湍流置换"特效前、后的效果分别如图 5-69 和图 5-70 所示。

图 5-68

图 5-69

图 5-70

9. 球面化

应用该特效可以在素材中制作出球形画面效果。应用该特效后，其参数面板如图 5-71 所示。

"效果控件"面板中的选项说明如下。

"半径"：用于设置球形的半径值。

"球面中心"：用于设置产生球面效果的中心点位置。

应用"球面化"特效前、后的效果分别如图 5-72 和图 5-73 所示。

图 5-71

图 5-72

图 5-73

10. 边角定位

应用该特效，可以使图像的 4 个顶点发生变化，达到变形效果。应用该特效后，其参数面板如图 5-74 所示。操作方法为：单击"边角定位"按钮，在"节目"监视器面板中图片的 4 个角上将出现 4 个控制柄█，调整控制柄的位置就可以改变图片的形状。

"效果控件"面板中的选项说明如下。

"左上"：用于调整素材左上角的位置。

"右上"：用于调整素材右上角的位置。

"左下"：用于调整素材左下角的位置。

"右下"：用于调整素材右下角的位置。

应用"边角定位"特效前、后的效果分别如图 5-75 和图 5-76 所示。

图 5-74 　　　　　　　　图 5-75 　　　　　　　　图 5-76

11. 镜像

应用该特效可以将图像沿一条直线分割为两部分，制作出镜像效果。应用该特效后，其参数面板如图 5-77 所示。

"效果控件"面板中的选项说明如下。

"反射中心"：用于设置镜像效果的中心点坐标值。

"反射角度"：用于设置镜像效果的角度。

应用"镜像"特效前、后的效果分别如图 5-78 和图 5-79 所示。

  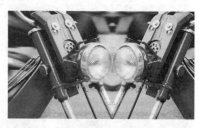

图 5-77 　　　　　　　　图 5-78 　　　　　　　　图 5-79

12. 镜头扭曲

该特效是模拟一种从变形透镜观看素材的效果。应用该特效后，其参数面板如图 5-80 所示。

"效果控件"面板中的选项说明如下。

"曲率"：用于设置素材的弯曲程度。数值为 0 以上的值时将缩小素材，数值为 0 以下的值时将放大素材。

"垂直偏移"：用于设置弯曲中心点垂直方向上的位置。

"水平偏移"：用于设置弯曲中心点水平方向上的位置。

"垂直棱镜效果"：用于设置素材上、下两边棱角的弧度。

"水平棱镜效果"：用于设置素材左、右两边棱角的弧度。

"填充 Alpha"：勾选此复选框，使背景透明。

"填充颜色"：用于设置背景颜色。

应用"镜头扭曲"特效前、后的效果分别如图 5-81 和图 5-82 所示。

图 5-80

图 5-81

图 5-82

5.3.5　时间特效

"时间"特效用于对素材的时间特性进行控制。该特效包含了 4 种类型。

1．像素运动模糊

该特效可以使影视素材产生运动模糊效果。应用该特效后，其参数面板如图 5-83 所示。

图 5-83

"效果控件"面板中的选项说明如下。

"快门控制"：用于设置运动模糊的快门控制方式。

"快门角度"：用于设置运动模糊的快门角度。

"快门采样"：用于设置运动模糊的快门采样率。

"矢量详细信息"：用于设置矢量详细信息的多少。

2．时间扭曲

该特效可以使影视素材产生时间扭曲的效果。应用该特效后，其参数面板如图 5-84 所示。

"效果控件"面板中的选项说明如下。

"方法"：用于设置时间扭曲的方法。

"调整时间方式"：用于设置时间的调整方式。

"速度"：用于设置时间扭曲的速度。

"源帧"：用于设置时间扭曲的源帧。

"调节"：用于调整平滑、滤镜、块大小等选项。

"运动模糊"：用于启用和设置运动模糊效果。

"遮罩图层/遮罩通道"：用于设置遮罩的图层和通道。

"变形图层"：用于设置变形扭曲的图层。

"显示"：用于设置时间扭曲的显示方式。

"源裁剪"：用于设置时间扭曲的裁剪方法。

应用"时间扭曲"特效前后的效果分别如图 5-85 和图 5-86 所示。

图 5-84

图 5-85

图 5-86

3. 残影

该特效可以同时播放素材中不同时间的多个帧，产生条纹和反射的效果。应用该特效后，其参数面板如图 5-87 所示。

"效果控件"面板中的选项说明如下。

"残影时间（秒）"：用于设置两个混合图像之间的时间间隔。

"残影数量"：用于设置重复帧的数量。

"起始强度"：用于设置素材的亮度。

"衰减"：用于设置组合素材强度减弱的比例。

"残影运算符"：用于确定在回声与素材之间的混合模式。

应用"残影"特效前后的效果分别如图 5-88 和图 5-89 所示。

图 5-87

图 5-88

图 5-89

4. 色调分离时间

该特效可以将素材设定为某一个帧率进行播放，产生跳帧的效果。图 5-90 所示为"色调分离时间"特效的参数设置。

该特效只有"帧速率"一项参数可以设置，修改素材默认的播放速率后，素材就会按照指定的播放速率进行播放，从而产生跳帧播放的效果。

图 5-90

5.3.6 杂色与颗粒特效

"杂色与颗粒"特效主要用于去除素材画面中的擦痕及噪点，共包含以下 6 种特效。

1. 中间值

该特效用于将图像的每一个像素都用它周围像素的 RGB 平均值来代替，从而达到平均整个画面的色值、得到艺术效果的目的。应用"中间值"特效前、后的效果分别如图 5-91 和图 5-92 所示。

图 5-91　　　　　　　　　　　　　　图 5-92

2. 杂色

应用该特效，将在画面中添加模拟的噪点效果。应用"杂色"特效前、后的效果分别如图 5-93 和图 5-94 所示。

图 5-93　　　　　　　　　　　　　　图 5-94

3. 杂色 Alpha

该特效可以在一个素材的通道中添加统一或方形的噪波。应用"杂色 Alpha"特效前、后的效果分别如图 5-95 和图 5-96 所示。

图 5-95　　　　　　　　　　　　　　图 5-96

4. 杂色 HLS

该特效可以根据素材的色相、亮度及饱和度添加不规则的噪点。应用该特效后，其参数面板如图 5-97 所示。

"效果控件"面板中的选项说明如下。

"杂色"：用于设置颗粒的类型。

"色相"：用于设置色相通道产生杂质的强度。

"亮度"：用于设置亮度通道产生杂质的强度。

"饱和度"：用于设置饱和度通道产生杂质的强度。

"颗粒大小"：用于设置素材中添加杂质的颗粒大小。

"杂色相位"：用于设置杂质的方向角度。

应用"杂色 HLS"特效前、后的效果分别如图 5-98 和图 5-99 所示。

图 5-97

图 5-98

图 5-99

5. 杂色 HLS 自动

该特效可以为素材添加杂色，并设置这些杂色的色彩、亮度、颗粒大小、饱和度及杂质的运动速率。应用"杂色 HLS 自动"特效前、后的效果分别如图 5-100 和图 5-101 所示。

图 5-100

图 5-101

6. 蒙尘与划痕

该特效可以减小图像中的杂色，以达到平衡整个图像色彩的效果。应用该特效后，其参数面板如图 5-102 所示。

"效果控件"面板中的选项说明如下。

"半径"：用于设置产生柔化效果的半径范围。

"阈值"：用于设置柔化的强度。

应用"蒙尘与划痕"特效前、后的效果分别如图 5-103 和图 5-104 所示。

图 5-102

图 5-103

图 5-104

5.3.7　课堂案例——街头艺人写真

+　案例学习目标

学习使用模糊与锐化和颜色校正特效制作效果。

+　案例知识要点

使用"效果控件"面板调整素材大小，使用"高斯模糊"特效制作模糊图像，使用"色调"特效调整图像颜色。街头艺人写真效果如图 5-105 所示。

街头艺人写真

图 5-105

+　效果所在位置

资源包/Ch05/街头艺人写真/街头艺人写真.prproj。

STEP　1 启动 Premiere Pro CC 2019 软件，选择"文件 > 新建 > 项目"命令，弹出"新建项目"对话框，如图 5-106 所示，单击"确定"按钮，新建项目。选择"文件 > 新建 > 序列"命令，弹出"新建序列"对话框，单击"设置"选项卡，设置图 5-107 所示参数，单击"确定"按钮，新建序列。

图 5-106　　　　　　　　　　　　　　图 5-107

STEP　2 选择"文件 > 导入"命令，弹出"导入"对话框，选择资源包中的"Ch05/街头艺人写真/素材/01"文件，如图 5-108 所示，单击"打开"按钮，将素材文件导入"项目"面板中，如图 5-109

所示。

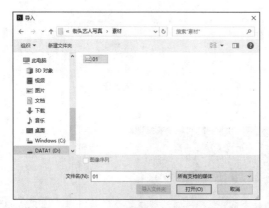

图 5-108

图 5-109

STEP 3 在"项目"面板中，选中"01"文件并将其拖曳到"时间轴"面板的"视频 1"轨道中，在弹出的"剪辑不匹配警告"对话框中单击"保持现有设置"按钮，在保持现有序列设置的情况下将"01"文件放置在"视频 1"轨道中，如图 5-110 所示。将时间标签放置在 09:24s 的位置上，将鼠标指针放在"01"文件的结束位置并单击，显示编辑点。当鼠标指针呈 ◀ 时，向右拖曳指针到 09:24s 的位置，如图 5-111 所示。

图 5-110

图 5-111

STEP 4 将时间标签放置在 0s 的位置，选择"时间轴"面板中的"01"文件，如图 5-112 所示。选择"效果控件"面板，展开"运动"选项，将"缩放"选项设置为 67.0，如图 5-113 所示。

图 5-112

图 5-113

STEP 5 选择"效果"面板，展开"视频效果"特效分类选项，单击"模糊与锐化"文件夹前面

的三角形按钮 将其展开，选中"高斯模糊"特效，如图 5-114 所示。将"高斯模糊"特效拖曳到"时间轴"面板"视频 1"轨道中的"01"文件上。

STEP 6 选择"效果控件"面板，展开"高斯模糊"选项，将"模糊度"选项设置为 120.0，单击"模糊度"选项左侧的"切换动画"按钮 ，如图 5-115 所示，记录第 1 个动画关键帧。将时间标签放置在 03:00s 的位置，将"模糊度"选项设置为 0.0，如图 5-116 所示，记录第 2 个动画关键帧。

图 5-114

图 5-115

图 5-116

STEP 7 选择"效果"面板，展开"视频效果"特效分类选项，单击"颜色校正"文件夹前面的三角形按钮 将其展开，选中"色调"特效，如图 5-117 所示。将"色调"特效拖曳到"时间轴"面板"视频 1"轨道中的"01"文件上。

STEP 8 将时间标签放置在 0s 的位置，选择"效果控件"面板，展开"色调"选项，将"着色量"选项设置为 100.0%，单击"着色量"选项左侧的"切换动画"按钮 ，如图 5-118 所示，记录第 1 个动画关键帧。将时间标签放置在 03:00s 的位置，将"着色量"选项设置为 0.0%，如图 5-119 所示，记录第 2 个动画关键帧。街头艺人写真制作完成。

图 5-117

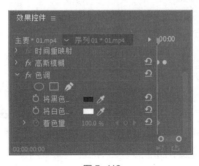

图 5-118

图 5-119

5.3.8　模糊与锐化特效

"模糊与锐化"特效主要针对镜头画面进行锐化或模糊处理，共包含 8 种特效。

1. 减少交错闪烁

该特效主要通过减少交错闪烁产生模糊效果。应用该特效后，其参数面板如图 5-120 所示。应用"减少交错闪烁"特效前、后的效果分别如图 5-121 和图 5-122 所示。

图 5-120

图 5-121

图 5-122

2. 复合模糊

该特效主要通过模拟摄像机快速变焦和旋转镜头来产生具有视觉冲击力的模糊效果。应用该特效后，其参数面板如图 5-123 所示。

"效果控件"面板中的选项说明如下。

"模糊图层"：用于选择要模糊的视频轨道。

"最大模糊"：用于对模糊的数值进行调节。

"伸缩对应图以适应"：勾选此复选框可以对使用模糊效果的影片画面进行拉伸处理。

"反转模糊"：用于反转当前设置的效果，即模糊反转。

应用"复合模糊"特效前、后效果分别如图 5-124 和图 5-125 所示。

图 5-123

图 5-124

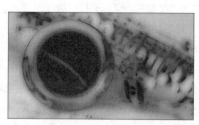

图 5-125

3. 方向模糊

该特效可以在图像上产生一个方向性的模糊效果，使素材产生一种幻觉运动特效。应用该特效后，其参数面板如图 5-126 所示。

"效果控件"面板中的选项说明如下。

"方向"：用于设置模糊方向。

"模糊长度"：用于设置图像虚化的程度，拖曳滑块调整数值，其数值范围在 0～20。当需要用到高于 20 的数值时，可以单击选项右侧带下画线的数值，将参数文本框激活，然后输入需要的数值。

应用"方向模糊"特效前、后的效果分别如图 5-127 和图 5-128 所示。

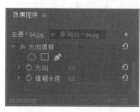

图 5-126

图 5-127

图 5-128

4. 相机模糊

该特效可以产生图像离开摄像机焦点范围时所产生的"虚焦"效果。应用该特效后，其参数面板如图 5-129 所示。操作方法为：单击"设置"按钮 ，弹出"相机模糊设置"对话框，对图像进行设置。

应用"相机模糊"特效前、后的效果分别如图 5-130 和图 5-131 所示。

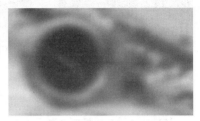

图 5-129　　　　　　　　　　　图 5-130　　　　　　　　　　　图 5-131

5. 通道模糊

该特效可以对素材的红、绿、蓝和 Alpha 通道分别进行模糊，还可以指定模糊的方向是水平、垂直或双向。使用这个特效可以创建辉光效果，或将一个图层的边缘附近变得不透明。应用该特效后，其参数面板如图 5-132 所示。

"效果控件"面板中的选项说明如下。

"红色模糊度"：用于设置红色通道的模糊程度。

"绿色模糊度"：用于设置绿色通道的模糊程度。

"蓝色模糊度"：用于设置蓝色通道的模糊程度。

"Alpha 模糊度"：用于设置 Alpha 通道的模糊程度。

"边缘特性"：勾选"重复边缘像素"复选框，可以使图像的边缘更加透明化。

"模糊维度"：用于控制图像的模糊方向，包括水平和垂直、水平、垂直 3 种方式。

应用"通道模糊"特效前、后的效果分别如图 5-133 和图 5-134 所示。

图 5-132　　　　　　　　　　　图 5-133　　　　　　　　　　　图 5-134

6. 钝化蒙版

运用该特效，可以调整图像的色彩锐化程度。应用该特效后，其参数面板如图 5-135 所示。

"效果控件"面板中的选项说明如下。

"数量"：用于设置颜色边缘差别值大小。

"半径"：用于设置颜色边缘产生差别的范围。

"阈值"：用于设置颜色边缘之间允许的差别范围，值越小，效果越明显。

应用"钝化蒙版"特效前、后的效果分别如图 5-136 和图 5-137 所示。

图 5-135   图 5-136   图 5-137

7. 锐化

该特效通过增加相邻像素间的对比度使图像清晰化。应用该特效后，其参数面板如图 5-138 所示。

"效果控件"面板中的选项说明如下。

"锐化量"：用于调整画面的锐化程度。

应用"锐化"特效前、后的效果分别如图 5-139 和图 5-140 所示。

图 5-138   图 5-139   图 5-140

8. 高斯模糊

该特效可以大幅度地模糊图像，使其产生虚化的效果。应用该特效后，其参数面板如图 5-141 所示。

"效果控件"面板中的选项说明如下。

"模糊度"：用于调节控制影片的模糊程度。

"模糊尺寸"：用于控制图像的模糊尺寸，包括水平和垂直、水平、垂直 3 种方式。

应用"高斯模糊"特效前、后的效果分别如图 5-142 和图 5-143 所示。

图 5-141   图 5-142   图 5-143

5.3.9　沉浸式特效

"沉浸式"特效主要是通过虚拟现实技术来实现虚拟现实的一种方法，与沉浸式过渡效果相同，共包含 11 种特效。

1. VR 分形杂色

该特效可以在影视剪辑中添加不同类型和布局的分形杂色。应用该特效后，其参数面板如图 5-144 所示。

"效果控件"面板中的选项说明如下。

"分形类型"：用于设置杂色的类型。

"对比度"：用于调整分形杂色的对比度。

"亮度"：用于调整分形杂色的亮度。

"反转"：用于反转分形杂色的颜色通道。

"复杂度"：用于设置分形杂色的复杂程度。

"演化"：用于设置分形杂色的演变效果。

"变换"：用于设置分形杂色的缩放、倾斜、平移和滚动。

"子设置"：用于设置自影响、子缩放、子倾斜、子平移和子滚动的值。

"随机植入"：用于设置分形杂色的随机速度。

"不透明度"：用于调整效果的不透明度。

"混合模式"：用于设置分形杂色与原始图像的混合模式。

应用"VR 分形杂色"特效前、后的效果分别如图 5-145 和图 5-146 所示。

图 5-144　　　　　　　　　　图 5-145　　　　　　　　　　图 5-146

2. VR 发光

该特效可以在影视剪辑中添加发光，并和色调颜色发生混合。应用该特效后，其参数面板如图 5-147 所示。

"效果控件"面板中的选项说明如下。

"亮度阈值"：用于设置图像中的发光区域。

"发光半径"：用于设置发光光晕的半径。

"发光亮度/饱和度"：用于设置发光的亮度/饱和度。

"使用色调颜色"：勾选此复选框可以混合色调颜色与生成的发光颜色。

"色调颜色"：用于设置色调的颜色。

应用"VR 发光"特效前、后的效果分别如图 5-148 和图 5-149 所示。

图 5-147

图 5-148   图 5-149

3. VR 平面到球面

该特效可以将影视剪辑产生由平面到球面的效果，多用于文本、徽标、图形和其他 2D 元素。应用"VR 平面到球面"特效前、后的效果分别如图 5-150 和图 5-151 所示。

图 5-150

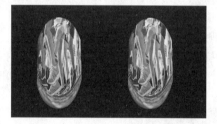

图 5-151

4. VR 投影

该特效可以调整影视剪辑的布局、倾斜、平移和滚动生成投影效果。应用"VR 投影"特效前、后的效果分别如图 5-152 和图 5-153 所示。

图 5-152

图 5-153

5. VR 数字故障

该特效可以使影视剪辑产生数字信号故障干扰的效果。应用"VR 数字故障"特效前、后的效果分别如图 5-154 和图 5-155 所示。

图 5-154

图 5-155

6. VR 旋转球面

该特效可以调整影视剪辑的倾斜、平移和滚动生成旋转球面效果。应用"VR 旋转球面"特效前、后的效果分别如图 5-156 和图 5-157 所示。

图 5-156

图 5-157

7. VR 模糊

该特效可以使影视剪辑生成无缝的精确模糊效果。应用"VR 模糊"特效前、后的效果分别如图 5-158 和图 5-159 所示。

图 5-158

图 5-159

8. VR 色差

该特效可以调整影视剪辑中通道的色差生成色相分离的效果。应用"VR 色差"特效前、后的效果分别如图 5-160 和图 5-161 所示。

图 5-160

图 5-161

9. VR 锐化

该特效可以调整影视剪辑的锐化程度。应用"VR 锐化"特效前、后的效果分别如图 5-162 和图 5-163 所示。

图 5-162

图 5-163

10. VR 降噪

该特效可以降低影视剪辑的噪点。应用"VR 降噪"特效前、后的效果分别如图 5-164 和图 5-165 所示。

图 5-164   图 5-165

11. VR 颜色渐变

该特效可以为影视剪辑添加渐变色点。应用"VR 颜色渐变"特效前、后的效果分别如图 5-166 和图 5-167 所示。

图 5-166   图 5-167

5.3.10 生成特效

"生成"特效主要用来生成一些特效效果，共包含 12 种特效。

1. 书写

该特效用于在图像上进行随意绘制。应用"书写"特效前、后的效果分别如图 5-168 和图 5-169 所示。

图 5-168   图 5-169

2. 单元格图案

该特效可以创建多种类似细胞图案的单元格图案拼合效果。应用该特效后，其参数面板如图 5-170 所示。"效果控件"面板中的选项说明如下。

"单元格图案"：选择图案的类型，包括"气泡""晶体""印板""静态板""晶格化""枕状""晶体 HQ""印板 HQ""静态板 HQ""晶格化 HQ""混合晶体""管状"。

"反转"：勾选此复选框可以反转图案效果。

"对比度"：用于设置单元格的颜色对比度。

"溢出"：用于设置重新映射位于灰度范围 0～255 之外的值。如果选择了基于锐度的单元格图案，则"溢出"不可用。

"分散"：用于设置图案的分散程度。

"大小"：用于设置单个图案的尺寸。

"偏移"：用于设置图案偏离中心点的量。

"平铺选项"：在该选项下勾选"启用平铺"复选框后，可以设置水平单元格和垂直单元格的数值。

"演化"：用于设置单元格图案的角度。

"演化选项"：用于设置循环演化的旋转次数和随机植入速度。

"循环演化"：勾选此复选项后，循环（旋转次数）设置才为有效状态。

"循环（旋转次数）"：用于设置图案的循环。

"随机植入"：用于设置图案的随机速度。

应用"单元格图案"特效前、后的效果分别如图 5-171 和图 5-172 所示。

图 5-170

图 5-171

图 5-172

3. 吸管填充

该特效可以将采样的颜色应用于整个图像。应用"吸管填充"特效前、后的效果分别如图 5-173 和图 5-174 所示。

图 5-173

图 5-174

4. 四色渐变

该特效可以使用 4 种颜色填充整个图像。应用"四色渐变"特效前、后的效果分别如图 5-175 和

图 5-176 所示。

图 5-175

图 5-176

5. 圆形

该特效可在图像中绘制圆形，通过"效果控件"面板可以修改圆形的参数。应用"圆形"特效前、后的效果分别如图 5-177 和图 5-178 所示。

图 5-177

图 5-178

6. 棋盘

该特效能在图像上创建棋盘格的图案效果。应用"棋盘"特效前、后的效果分别如图 5-179 和图 5-180 所示。

图 5-179

图 5-180

7. 椭圆

该特效可以在图像中绘制一个椭圆形的圆环。应用"椭圆"特效前、后的效果分别如图 5-181 和图 5-182 所示。

图 5-181

图 5-182

8．油漆桶

该特效可以将一种颜色填充到画面中的某种颜色范围内。应用"油漆桶"特效前、后的效果分别如图 5-183 和图 5-184 所示。

图 5-183

图 5-184

9．渐变

该特效可以在图像中创建渐变效果。应用"渐变"特效前、后的效果分别如图 5-185 和图 5-186 所示。

图 5-185

图 5-186

10．网格

该特效可以在图像中创建网格图形效果。应用"网格"特效前、后的效果分别如图 5-187 和图 5-188 所示。

图 5-187

图 5-188

11．镜头光晕

该特效可以模拟镜头拍摄到发光物体时，由于经过多片镜头而产生的多光环效果，这是后期制作中经常使用的提升画面效果的手法。应用该特效后，其参数面板如图 5-189 所示。

"效果控件"中的选项说明如下。

"光晕中心"：用于设置发光点的中心位置。

"光晕亮度"：用于设置光晕的亮度。

"镜头类型"：用于选择镜头的类型，有 50～300 毫米变焦、35 毫米定焦和 105 毫米定焦。

"与原始图像混合"：用于设置与原素材图像的混合程度。

应用"镜头光晕"特效前、后的效果分别如图 5-190 和图 5-191 所示。

图 5-189　　　　　　　　图 5-190　　　　　　　　图 5-191

12. 闪电

该特效可以用来模拟真实的闪电和放电效果。应用该特效后，其参数面板如图 5-192 所示。

"效果控件"中的选项说明如下。

"起始点"：用于设置闪电的起始位置。

"结束点"：用于设置闪电的结束位置。

"分段"：用于设置闪电的线条数量。

"振幅"：用于设置闪电的波动大小。

"细节级别"/"细节振幅"：用于设置添加到闪电和任何分支上的细节的程度。

"分支"：用于设置闪电的分叉数量。

"再分支"：用于设置从分叉再分叉的量。

"分支角度"：用于设置分支和主要闪电之间的角度。

"分支段长度"：用于设置每条分支段的长度，作为闪电平均分段长度的组成部分。

"分支段"：用于设置每条分支的最大分段数。

"分支宽度"：用于设置每条分支的平均宽度，作为闪电宽度的组成部分。

"速度"：用于设置闪电的变化速度。

"稳定性"：用于设置闪电的起始点和结束点，确定它们之间的接近程度。

"固定端点"：用于设置闪电的结束点是否保持在固定位置。

"宽度"：用于设置闪电主干的宽度。

"宽度变化"：用于设置闪电主干的宽度变化。

"核心宽度"：用于设置闪电的内发光宽度。

"外部颜色"：用于设置闪电的外发光颜色。

"内部颜色"：用于设置闪电的内发光颜色。

"拉力"：用于设置拉动闪电的强度。

"拖拉方向"：用于设置拖拉闪电的方向。

图 5-192

"随机植入"：用于设置闪电随机生成杂色的级别。

"混合模式"：用于设置闪电与素材图像的混合模式。

"在每一帧处重新运行"：用于设置在每一帧处重新生成闪电。

应用"闪电"特效前、后的效果分别如图 5-193 和图 5-194 所示。

图 5-193　　　　　　　　　　　　　图 5-194

5.3.11　视频特效

"视频"特效用于对视频特性进行控制，共包含 4 种类型。

1. SDR 遵从情况

该特效可以调整素材文件的亮度、对比度和软阈值。应用"SDR 遵从情况"特效前、后的效果分别如图 5-195 和图 5-196 所示。

图 5-195　　　　　　　　　　　　　图 5-196

2. 剪辑名称

该特效可以在视频上叠加显示剪辑名称。应用"剪辑名称"特效前、后的效果分别如图 5-197 和图 5-198 所示。

图 5-197　　　　　　　　　　　　　图 5-198

3. 时间码

该特效可以在影片的画面中插入时间码信息，应用"时间码"特效前、后的效果分别如图 5-199 和

图 5-200 所示。

图 5-199

图 5-200

4. 简单文字

该特效可以在影片的画面中插入介绍性文字信息，应用"简单文字"特效前、后的效果分别如图 5-201 和图 5-202 所示。

图 5-201

图 5-202

5.3.12 过渡特效

"过渡"特效主要用于在两个素材之间进行连接的切换，该特效共包含 5 种类型。

1. 块溶解

该特效通过随机产生的板块对图像进行溶解，应用该特效后，其参数面板如图 5-203 所示。

"效果控件"面板中的选项说明如下。

"过渡完成"：用于设置当前层画面，数值为 100% 时表示完全显示切换层画面。

"块宽度" / "块高度"：用于设置板块的宽度/高度。

"羽化"：用于设置板块边缘的羽化程度。

"柔化边缘"：勾选此复选框，将对板块边缘进行柔化处理。

应用"块溶解"特效前、后的效果分别如图 5-204 和图 5-205 所示。

图 5-203

图 5-204

图 5-205

2. 径向擦除

应用该特效，可以围绕指定点以旋转的方式进行图像的擦除。应用该特效后，其参数面板如图 5-206 所示。

"效果控件"面板中的选项说明如下。

"过渡完成"：用于设置转换完成的百分比。

"起始角度"：用于设置转换效果的起始角度。

"擦除中心"：用于设置擦除的中心点位置。

"擦除"：用于设置擦除的类型。

"羽化"：用于设置擦除边缘的羽化程度。

应用"径向擦除"特效前、后的效果分别如图 5-207 和图 5-208 所示。

图 5-206   图 5-207   图 5-208

3. 渐变擦除

该特效可以根据两个层的亮度值建立一个渐变层，在指定层和原图层之间进行角度切换。应用该特效后，其参数面板如图 5-209 所示。

"效果控件"面板中的选项说明如下。

"过渡完成"：用于设置转换完成的百分比。

"过渡柔和度"：用于设置转换边缘的柔和程度。

"渐变图层"：用于选择进行参考的渐变层。

"渐变放置"：用于设置渐变层放置的位置。

"反转渐变"：勾选此复选框，将对渐变层进行反转。

应用"渐变擦除"特效前、后的效果分别如图 5-210 和图 5-211 所示。

图 5-209   图 5-210   图 5-211

4. 百叶窗

该特效通过对图像进行百叶窗式的分割，形成图层之间的切换。应用该特效后，其参数面板如图 5-212

所示。

"效果控件"面板中的选项说明如下。

"过渡完成"：用于设置转换完成的百分比。

"方向"：用于设置素材分割的角度。

"宽度"：用于设置分割的宽度。

"羽化"：用于设置分割边缘的羽化程度。

应用"百叶窗"特效前、后的效果分别如图 5-213 和图 5-214 所示。

图 5-212　　　　　　　　　　图 5-213　　　　　　　　　　图 5-214

5. 线性擦除

该特效通过线条划过的方式形成擦除效果。应用该特效后，其参数面板如图 5-215 所示。

"效果控件"面板中的选项说明如下。

"过渡完成"：用于设置转换完成的百分比。

"擦除角度"：用于设置素材被擦除的角度。

"羽化"：用于设置擦除边缘的羽化程度。

应用"线性擦除"特效前、后的效果分别如图 5-216 和图 5-217 所示。

图 5-215　　　　　　　　　　图 5-216　　　　　　　　　　图 5-217

5.3.13　透视特效

"透视"特效主要用于制作三维透视效果，使素材产生立体感或空间感，该特效共包含 5 种类型。

1. 基本 3D

该特效可以模拟平面图像在三维空间的运动效果，能够使素材绕水平和垂直的轴旋转，或者沿着虚拟的 z 轴移动，以靠近或远离屏幕。此外，使用该特效可以为旋转的素材表面添加反光效果。应用该特效后，其参数面板如图 5-218 所示。

"效果控件"面板中的选项说明如下。

"旋转"：用于设置素材水平旋转的角度，当旋转角度为 90° 时，可以看到素材的背面，成了正面的镜像。

"倾斜"：用于设置素材垂直旋转的角度。

"与图像的距离"：用于设置素材拉近或推远的距离。数值越大，素材距离屏幕越远，看起来越小；数值越小，素材距离屏幕越近，看起来就越大。当数值为负值时，图像会被放大并撑出屏幕之外。

"镜面高光"：用于为素材添加反光效果。

"预览"：用于设置图像以线框的形式显示。

应用"基本 3D"特效前、后的效果分别如图 5-219 和图 5-220 所示。

图 5-218

图 5-219

图 5-220

2. 径向阴影

该特效为素材添加一个阴影，并可通过原素材的 Alpha 值影响阴影的颜色。应用该特效后，其参数面板如图 5-221 所示。

"效果控件"面板中的选项说明如下。

"阴影颜色"：用于设置阴影的颜色。

"不透明度"：用于设置阴影的不透明度。

"光源"：通过调整光源移动阴影的位置。

"投影距离"：设置该参数，用于调整阴影与源素材之间的距离。

"柔和度"：用于设置阴影的边缘柔和度。

"渲染"：用于选择产生阴影的类型。

"颜色影响"：用于设置源素材在阴影中彩色值的合计。如果这个素材没有透明因素，彩色值将不会受到影响，而且阴影彩色数值决定了阴影的颜色。

"仅阴影"：勾选此复选框，在"节目"监视器面板中将只显示素材的阴影。

"调整图层大小"：设置阴影可以超出源素材的界线。如果不勾选此复选框，阴影将只能在源素材的界线内显示。

应用"径向阴影"特效前、后的效果分别如图 5-222 和图 5-223 所示。

图 5-221

图 5-222

图 5-223

3. 投影

该特效可用于为素材添加阴影。应用该特效后，其参数面板如图 5-224 所示。

"效果控件"面板中的选项说明如下。

"阴影颜色"：用于设置阴影的颜色。

"不透明度"：用于设置阴影的不透明度。

"方向"：用于设置阴影投影的角度。

"距离"：用于设置阴影与原素材之间的距离。

"柔和度"：用于设置阴影的边缘柔和度。

"仅阴影"：勾选此复选框，在"节目"监视器面板中将只显示素材的阴影。

应用"投影"特效前、后的效果分别如图 5-225 和图 5-226 所示。

图 5-224　　　　　　　　　　图 5-225　　　　　　　　　　图 5-226

4. 斜面 Alpha

该特效能够产生一个倒角的边，并且使图像的 Alpha 通道边界变亮，通常是给一个二维图像赋予三维效果，如果素材没有 Alpha 通道或它的 Alpha 通道是完全不透明的，那么这个效果就全部应用到素材边缘。应用该特效后，其参数面板如图 5-227 所示。

"效果控件"面板中的选项说明如下。

"边缘厚度"：用于设置素材边缘的厚度。

"光照角度"：用于设置光线照射的角度。

"光照颜色"：用于选择光线的颜色。

"光照强度"：用于设置光线照射素材的强度。

应用"斜面 Alpha"特效前、后的效果分别如图 5-228 和图 5-229 所示。

图 5-227　　　　　　　　　　图 5-228　　　　　　　　　　图 5-229

5. 边缘斜面

该特效能够使图像边缘产生一个凿刻的、高亮的三维效果。边缘的位置由源图像的 Alpha 通道来确定，与斜面 Alpha 效果不同，该效果中产生的边缘总是成直角的。应用该特效后，其参数面板如图 5-230 所示。

"效果控件"面板中的选项说明如下。

"边缘厚度"：设置素材边缘凿刻的高度。

"光照角度"：设置光线照射的角度。

"光照颜色"：选择光线的颜色。

"光照强度"：设置光线照射到素材的强度。

应用"边缘斜面"特效前、后的效果分别如图 5-231 和图 5-232 所示。

图 5-230　　　　　　　　　　图 5-231　　　　　　　　　　图 5-232

5.3.14　通道特效

"通道"特效可以用于对素材的通道进行处理，实现图像颜色、色调、饱和度及亮度等颜色属性的改变，共有 7 种特效。

1. 反转

该特效将图像的颜色进行反色显示，使处理后的图像看起来像照片的底片，应用该特效前、后的效果分别如图 5-233 和图 5-234 所示。

图 5-233　　　　　　　　　　图 5-234

2. 复合运算

该特效与"混合"特效类似，都是将两个重叠素材的颜色相互组合在一起。应用该特效后，其参数面板如图 5-235 所示。

"效果控件"面板中的选项说明如下。

"第二个源图层"：用于设置当前操作中指定原始的图层。

"运算符"：用于选择两个素材混合模式。

"在通道上运算"：用于选择混合素材进行操作的通道。

"溢出特性"：用于选择两个素材混合后颜色允许的范围。

"伸缩第二个源以适合"：当素材与混合素材大小相同时，不勾选该复选框，

图 5-235

混合素材与源素材将无法对齐重合。

"与原始图像混合"：设置混合素材的透明值。

应用"复合运算"特效前、后的效果如图 5-236、图 5-237 和图 5-238 所示。

图 5-236

图 5-237

图 5-238

3. 混合

该特效是将两个通道中的图像按指定方式进行混合，从而达到改变图像色彩的效果。应用该特效后，其参数面板如图 5-239 所示。

"效果控件"面板中的选项说明如下。

"与图层混合"：用于选择重叠对象所在的视频轨道。

"模式"：用于选择两个素材混合的部分。

"与原始图像混合"：用于设置所选素材与源素材混合值，值越小效果越明显。

图 5-239

"如果图层大小不同"：图层的尺寸不同时，该选项可对图层的对齐方式进行设置。

应用"混合"特效前、后的效果分别如图 5-240～图 5-242 所示。

图 5-240

图 5-241

图 5-242

4. 算术

算法特效提供了各种用于图像通道的简单数学运算。应用该特效后，其参数面板如图 5-243 所示。

"效果控件"面板中的选项说明如下。

"运算符"：用于选择一种计算方式。

"红色值"：用于设置图片要进行计算的红色值。

"绿色值"：用于设置图片要进行计算的绿色值。

"蓝色值"：用于设置图片要进行计算的蓝色值。

"剪切结果值"：勾选此复选框后，可以防止创建超出有效范围的颜色值。

应用"算法"特效前、后的效果分别如图 5-244 和图 5-245 所示。

图 5-243

图 5-244

图 5-245

5. 纯色合成

该特效可以用一种颜色填充合成新图像，并放置在原始素材的后面。应用该特效后，其参数面板如图 5-246 所示。

"效果控件"面板中的选项说明如下。

"源不透明度"：用于指定素材层的不透明度。

"颜色"：用于设置新填充图像的颜色。

"不透明度"：用于控制新填充图像的不透明度。

"混合模式"：用于设置素材层和填充图像以何种方式混合。

应用"纯色合成"特效前、后的效果分别如图 5-247 和图 5-248 所示。

图 5-246

图 5-247

图 5-248

6. 计算

该特效通过通道混合进行颜色调整。应用该特效后，其参数面板如图 5-249 所示。

"效果控件"面板中的选项说明如下。

"输入"：用于设置源素材显示。

"输入通道"：用于选择需要显示的通道，其中各选项如下。

（1）"RGBA"：正常输入所有通道。

（2）"灰色"：呈灰色显示原来的 RGBA 图像的亮度。

（3）"红色""绿色""蓝色""Alpha"通道：选择对应的通道，显示对应通道。

"反转输入"：用于将"输入通道"中选择的通道反相显示。

"第二个源"：用于设置与源素材混合的素材。

图 5-249

"第二个图层"：用于选择与源素材混合的素材所在的视频轨道。

"第二个图层通道"：用于选择与源素材混合显示的通道。其下方选项的作用与"输入"设置框中的"输入通道"相同。

"第二个图层不透明度"：用于设置与源素材混合的素材的不透明度值。

"反转第二个图层"：与"反转输入"作用相同，但这里指的是与源素材混合的素材。

"伸缩第二个图层以适合"：当混合素材小于源素材，勾选该复选框将在显示最终效果时放大混合素材。

"混合模式"：用于设置源素材与第二信号源的多种混合模式。

"保持透明度"：用于确保被影响素材的透明度不被修改。

应用"计算"特效前、后的效果如图5-250～图5-252所示。

图5-250　　　　　　　　　图5-251　　　　　　　　　图5-252

7. 设置遮罩

以当前层的Alpha通道取代指定层的Alpha通道，使之产生运动屏蔽的效果。应用该特效后，其参数面板如图5-253所示。

"效果控件"面板中的选项说明如下。

"从图层获取遮罩"：用于指定作为蒙版的图层。

"用于遮罩"：选择指定的蒙版层用于效果处理的通道。

"反转遮罩"：用于设置反转蒙版层的透明度。

"伸缩遮罩以适合"：用于放大或缩小屏蔽层的尺寸，使之与当前层适配。

"将遮罩与原始图像合成"：使当前层合成新的蒙版，而不是替换原始素材层。

图5-253

"预乘遮罩图层"：勾选该复选框，软化蒙版层素材的边缘。

应用"设置遮罩"特效前、后的效果如图5-254～图5-256所示。

图5-254　　　　　　　　　图5-255　　　　　　　　　图5-256

5.3.15　课堂案例——跨越梦想创意赏析

案例学习目标

学习使用风格化特效编辑图像，制作创意图像。

+ 案例知识要点

　　使用"彩色浮雕"命令制作图片的彩色浮雕效果，使用"效果控件"面板调整图像并制作动画效果。跨越梦想创意赏析效果如图 5-257 所示。

图 5-257

+ 效果所在位置

　　资源包/Ch05/跨越梦想创意赏析/跨越梦想创意赏析.prproj。

STEP 1 启动 Premiere Pro CC 2019 软件，选择"文件 > 新建 > 项目"命令，弹出"新建项目"对话框，如图 5-258 所示，单击"确定"按钮，新建项目。选择"文件 > 新建 > 序列"命令，弹出"新建序列"对话框，单击"设置"选项卡，设置图 5-259 所示参数，单击"确定"按钮，新建序列。

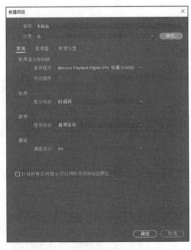

图 5-258　　　　　　　　　　　　　图 5-259

STEP 2 选择"文件 > 导入"命令，弹出"导入"对话框，选择资源包中的"Ch05/跨越梦想创意赏析/素材"路径下的"01"～"03"文件，如图 5-260 所示，单击"打开"按钮，将素材文件导入"项目"面板中，如图 5-261 所示。

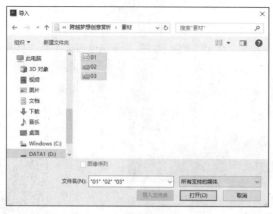

图 5-260

图 5-261

STEP 3 在"项目"面板中，选中"01"文件并将其拖曳到"时间轴"面板的"视频1"轨道中，在弹出的"剪辑不匹配警告"对话框中单击"保持现有设置"按钮，在保持现有序列设置的情况下将"01"文件放置在"视频1"轨道中，如图5-262所示。将时间标签放置在04:00s的位置上，将鼠标指针放在"01"文件的结束位置并单击，显示编辑点。当鼠标指针呈 ◀ 时，向左拖曳指针到 04:00s 的位置，如图 5-263 所示。

图 5-262

图 5-263

STEP 4 选择"时间轴"面板中的"01"文件，如图5-264所示。选择"效果控件"面板，展开"运动"选项，将"缩放"选项设置为67.0，如图5-265所示。

图 5-264

图 5-265

STEP 5 将时间标签放置在 00:07s 的位置上，在"项目"面板中，选中"02"文件并将其拖曳到"时间轴"面板的"视频2"轨道中，如图5-266所示。选中"时间轴"面板中的"02"文件，选择"效果控件"面板，展开"运动"选项，将"缩放"选项设置为 2.0，单击"缩放"选项左侧的"切换动画"按钮 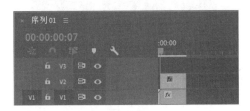，如图 5-267 所示，记录第 1 个动画关键帧。

图 5-266　　　　　　　　　　　　　　　　　　图 5-267

STEP 6 将时间标签放置在 01:05s 的位置，将"缩放"选项设置为 20.0，如图 5-268 所示，记录第 2 个动画关键帧。将时间标签放置在 02:01s 的位置，展开"不透明度"选项，单击"不透明度"选项右侧的"添加/移除关键帧"按钮 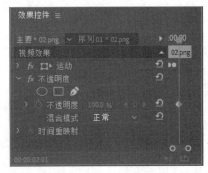，如图 5-269 所示，记录第 1 个动画关键帧。

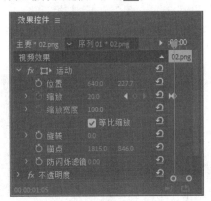

图 5-268　　　　　　　　　　　　　　　　　　图 5-269

STEP 7 将时间标签放置在 02:06s 的位置，将"不透明度"选项设置为 0.0%，如图 5-270 所示，记录第 2 个动画关键帧。将时间标签放置在 02:11s 的位置，将"不透明度"选项设置为 100.0%，如图 5-271 所示，记录第 3 个动画关键帧。

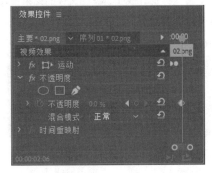

图 5-270　　　　　　　　　　　　　　　　　　图 5-271

STEP 8 将时间标签放置在 02:16s 的位置，将"不透明度"选项设置为 0.0%，如图 5-272 所示，记录第 4 个动画关键帧。将时间标签放置在 02:21s 的位置，将"不透明度"选项设置为 100.0%，如图 5-273 所示，记录第 5 个动画关键帧。

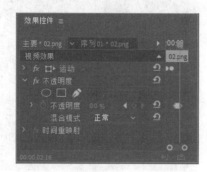

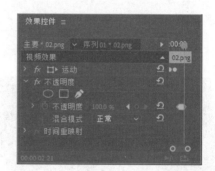

| 图 5-272 | 图 5-273 |

STEP 9 选择"效果"面板，展开"视频效果"特效分类选项，单击"风格化"文件夹前面的三角形按钮 ▶ 将其展开，选中"彩色浮雕"特效，如图 5-274 所示。将"彩色浮雕"特效拖曳到"时间轴"面板"视频 2"轨道中的"02"文件上，如图 5-275 所示。

STEP 10 选择"效果控件"面板，展开"彩色浮雕"选项，将"方向"选项设置为 45.0°，"起伏"选项设置为 25.00，"对比度"选项设置为 100，"与原始图像混合"选项设置为 50%，如图 5-276 所示。

| 图 5-274 | 图 5-275 | 图 5-276 |

STEP 11 将时间标签放置在 00:07s 的位置上。在"项目"面板中，选中"03"文件并将其拖曳到"时间轴"面板的"视频 3"轨道中，如图 5-277 所示。将鼠标指针放在"03"文件的结束位置并单击，显示编辑点。当鼠标指针呈 ◀ 时，向左拖曳指针到"02"文件的结束位置，如图 5-278 所示。

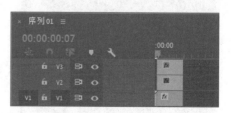

| 图 5-277 | 图 5-278 |

STEP 12 选中"时间轴"面板中的"03"文件，选择"效果控件"面板，展开"运动"选项，

将"位置"选项设置为 640.0 和 230.0，"缩放"选项设置为 0，单击"位置"和"缩放"选项左侧的"切换动画"按钮，如图 5-279 所示，记录第 1 个动画关键帧。将时间标签放置在 01:05s 的位置上，将"位置"选项设为 640.0 和 316.0，"缩放"选项设置为 100.0，如图 5-280 所示，记录第 2 个动画关键帧。跨越梦想创意赏析制作完成。

图 5-279

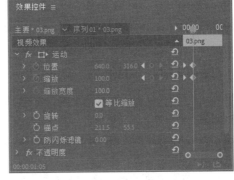

图 5-280

5.3.16　风格化特效

"风格化"特效主要用于模拟一些美术风格，实现丰富的画面效果，该特效包含以下 13 种类型。

1. Alpha 发光

该特效对含有通道的素材起作用，在通道的边缘部分产生一圈渐变的辉光效果，可以在单色的边缘处或者在边缘运动时变成两个颜色。应用该特效后，其参数面板如图 5-281 所示。

"效果控件"面板中的选项说明如下。

"发光"：用于设置光晕从素材的 Alpha 通道扩散边缘的大小。

"亮度"：用于设置辉光的强度。

"起始颜色"/"结束颜色"：用于设置辉光内部/外部的颜色。

应用"Alpha 发光"特效前、后的效果分别如图 5-282 和图 5-283 所示。

图 5-281

图 5-282

图 5-283

2. 复制

该特效可以将图像复制成指定的数量，并同时在每一个单元中播放出来。操作方法为：在"效果控件"面板中拖曳"计数"参数选项的滑块，可以设置每行或每列的分块数目。应用"复制"特效前、后的效果分别如图 5-284 和图 5-285 所示。

图 5-284

图 5-285

3. 彩色浮雕

该特效通过锐化素材中物体的轮廓，使素材产生彩色的浮雕效果。应用该特效后，其参数面板如图 5-286 所示。

"效果控件"面板中的选项说明如下。

"方向"：用于设置浮雕的方向。

"起伏"：用于设置浮雕压制的明显高度，实际上是设定浮雕边缘的最大加亮宽度。

"对比度"：用于设置图像内容的边缘锐利程度，如果增加参数值，加亮就变得更明显。

"与原始图像混合"：该参数值越小，上述设置项的效果越明显。

应用"彩色浮雕"特效前、后的效果分别如图 5-287 和图 5-288 所示。

图 5-286

图 5-287

图 5-288

4. 曝光过度

该特效可以沿着画面的正反方向进行混合，从而产生类似于底片在显影时的快速曝光效果。应用"曝光过度"特效前、后的效果分别如图 5-289 和图 5-290 所示。

图 5-289

图 5-290

5. 查找边缘

该特效通过强化素材中物体的边缘，使素材产生类似于铅笔素描或底片的效果，而且构图越简单、明暗对比越强烈的素材,描出的线条越清楚。应用该特效后,其参数面板如图 5-291 所示。

"效果控件"面板中的选项说明如下。

"反转":取消勾选此复选框时,素材边缘出现如在白色背景上的黑色线;勾选此复选框时,素材边缘出现如在黑色背景上的明亮线。

"与原始图像混合":用于设置与源素材混合的程度。数值越小,上述参数选项设置的效果越明显。

应用"查找边缘"特效前、后的效果分别如图 5-292 和图 5-293 所示。

图 5-291   图 5-292   图 5-293

6. 浮雕

该特效与"彩色浮雕"特效的效果相似,只是没有色彩,它们的各项参数选项都相同,即通过锐化素材中物体的轮廓,使画面产生浮雕效果。应用"浮雕"特效前、后的效果分别如图 5-294 和图 5-295 所示。

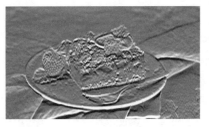

图 5-294   图 5-295

7. 画笔描边

该特效使素材产生一种美术画笔描绘的效果。应用"画笔描边"特效后,其参数面板如图 5-296 所示。

"效果控件"面板中的选项说明如下。

"描边角度":用于设置笔画的角度。

"画笔大小":用于设置笔刷的大小。

"描边长度":用于设置笔刷的长度。

"描边浓度":用于设置笔触的浓度。

"描边浓度":用于设置笔触描绘的程度。

"绘画表面":用于设置应用笔触效果的区域。

"与原始图像混合":用于设置与源素材混合的程度。数值越小,上述各参数选项设置的效果越明显。

应用"画笔描边"特效前、后的效果分别如图 5-297 和图 5-298 所示。

图 5-296

图 5-297

图 5-298

8. 粗糙边缘

该特效可以使素材的 Alpha 通道边缘粗糙化，从而使素材或者栅格化文本产生粗糙的自然外观。应用"粗糙边缘"特效前、后的效果分别如图 5-299 和图 5-300 所示。

图 5-299

图 5-300

9. 纹理

该特效可以在一个素材上显示另一个素材的纹理。应用该特效后，其参数面板如图 5-301 所示。"效果控件"面板中的选项说明如下。

"纹理图层"：用于选择与素材混合的视频轨道。

"光照方向"：用于设置光照的方向，该选项决定纹理图案的亮部方向。

"纹理对比度"：用于设置纹理的强度。

"纹理位置"：用于指定纹理的应用方式。

应用"纹理"特效前、后的效果分别如图 5-302 和图 5-303 所示。

图 5-301

图 5-302

图 5-303

10. 色调分离

该特效可以将素材的色调进行分离，制作特殊效果。应用"色调分离"特效前、后的效果分别如图 5-304

和图 5-305 所示。

图 5-304   图 5-305

11. 闪光灯

该特效能以一定的周期或随机对一个素材进行算术运算，例如，每隔 5s 素材就变成白色并显示 0.1s，或素材颜色以随机的时间间隔进行反转。此特效常用来模拟照相机的瞬间强烈闪光效果。应用该特效后，其参数面板如图 5-306 所示。

"效果控件"面板中的选项说明如下。

"闪光色"：用于设置频闪瞬间屏幕上呈现的颜色。

"与原始图像混合"：用于设置与源素材混合的程度。

"闪光持续时间（秒）"：用于设置频闪持续的时间。

"闪光周期（秒）"：以 s 为单位，设置频闪效果出现的间隔时间。闪光周期是从相邻两个频闪效果的开始时间算起的，因此，只有该选项的数值大于"闪光持续时间（秒）"选项时，才会出现频闪效果。

"随机闪光机率"：用于设置素材中每一帧产生频闪效果的概率。

"闪光"：用于设置频闪效果的不同类型。

"闪光运算符"：用于设置频闪时所使用的运算方法。

"随机植入"：用于设置闪光植入到特定帧的概率。

应用"闪光灯"特效前、后的效果分别如图 5-307 和图 5-308 所示。

图 5-306   图 5-307   图 5-308

12. 阈值

该特效可以将图像变成灰度模式。应用"阈值"特效前、后的效果分别如图 5-309 和图 5-310 所示。

图 5-309

图 5-310

13. 马赛克

该特效用若干方形色块填充素材，使素材产生马赛克效果。此效果通常用于模拟低分辨率显示或者模糊图像。应用该特效后，其参数面板如图 5-311 所示。

"效果控件"面板中的选项说明如下。

"水平/垂直块"：用于设置水平/垂直方向上的分割色块数量。

"锐化颜色"：勾选此复选框，可以锐化图像素材。

应用"马赛克"特效前、后的效果分别如图 5-312 和图 5-313 所示。

图 5-311

图 5-312

图 5-313

5.4 课堂练习——起飞准备工作赏析

练习知识要点

使用"杂色"特效为图像添加杂色，使用"旋转扭曲"特效为旋转图像制作扭曲效果。起飞准备工作赏析效果如图 5-314 所示。

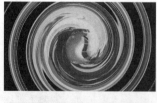

图 5-314

起飞准备工作赏析

效果所在位置

资源包/Ch05/起飞准备工作赏析/起飞准备工作赏析.prproj。

5.5　课后习题——健康出行宣传片

练习知识要点

使用"边角定位"调整视频的位置和大小，使用"亮度与对比度"特效调整图像的亮度与对比度，使用"颜色平衡"特效调整图像的颜色。健康出行宣传片效果如图 5-315 所示。

图 5-315

健康出行宣传片

效果所在位置

资源包/Ch05/健康出行宣传片/健康出行宣传片.prproj。

Premiere Pro CC

Chapter

6

第 6 章
调色、抠像与叠加

本章主要讲解在 Premiere Pro CC 2019 中进行素材调色、抠像与叠加的基础设置方法。调色、抠像与叠加属于 Premiere Pro CC 2019 剪辑中较高级的应用，它们可以使影片通过剪辑产生完美的画面合成效果。通过本章案例对相关知识的加强说明，读者可以完全掌握 Premiere Pro CC 2019 的调色、抠像与叠加技术。

课堂学习目标

● 掌握视频调色技术

● 熟练掌握抠像及叠加技术

6.1　视频调色技术

在 Premiere Pro CC 2019 "效果" 面板中，包含了一些专门用于改变图像亮度、对比度和颜色的特效，这些颜色增强工具分别为 "图像控制" "调整" "过时" 和 "颜色校正"，集中于 "视频特效" 文件夹的 3 个子文件夹中。下面分别进行详细讲解。

6.1.1　课堂案例——怀旧老电影赏析

⊕ 案例学习目标

学习使用图像控制特效制作怀旧老电影。

⊕ 案例知识要点

使用 "导入" 命令导入视频文件，使用 "灰度系数校正" 特效调整图像的灰度系数，使用 "颜色平衡" 特效降低图像中的部分颜色，使用 "DE_AgedFilm" 特效制作老电影效果。怀旧老电影赏析效果如图 6-1 所示。

图 6-1

怀旧老电影赏析

⊕ 效果所在位置

资源包/Ch06/怀旧老电影赏析/怀旧老电影赏析.prproj。

STEP 1 启动 Premiere Pro CC 2019 软件，选择 "文件 > 新建 > 项目" 命令，弹出 "新建项目" 对话框，如图 6-2 所示，单击 "确定" 按钮，新建项目。选择 "文件 > 新建 > 序列" 命令，弹出 "新建序列" 对话框，单击 "设置" 选项卡，设置图 6-3 所示参数，单击 "确定" 按钮，新建序列。

图 6-2

图 6-3

STEP 2 选择"文件 > 导入"命令，弹出"导入"对话框，选择资源包中的"Ch06/怀旧老电影赏析/素材/01"文件，如图 6-4 所示，单击"打开"按钮，将素材文件导入"项目"面板中，如图 6-5 所示。

图 6-4   图 6-5

STEP 3 在"项目"面板中，选中"01"文件并将其拖曳到"时间轴"面板中的"视频 1"轨道中，在弹出的"剪辑不匹配警告"对话框中单击"保持现有设置"按钮，在保持现有序列设置的情况下将"01"文件放置在"视频 1"轨道中，如图 6-6 所示。

STEP 4 将时间标签放置在 03:20s 的位置上，将鼠标指针放在"01"文件的结束位置并单击，显示编辑点。当鼠标指针呈 ◄│► 时，向右拖曳指针到 03:20s 的位置，如图 6-7 所示。

图 6-6   图 6-7

STEP 5 将时间标签放置在 0s 的位置上，选择"时间轴"面板中的"01"文件，如图 6-8 所示。选择"效果控件"面板，展开"运动"选项，将"缩放"选项设置为 67.0，如图 6-9 所示。

图 6-8   图 6-9

STEP 6 选择"效果"面板，展开"视频效果"特效分类选项，单击"图像控制"文件夹前面的三角形按钮 ► 将其展开，选中"灰度系数校正"特效，如图 6-10 所示。将"灰度系数校正"特效拖曳到"时间轴"面板"视频 1"轨道中的"01"文件上。选择"效果控件"面板，展开"灰度系数校正"选项，将

"灰度系数"选项设置为 7，如图 6-11 所示。

图 6-10　　　　　　　　　　　　图 6-11

STEP 7 选择"效果"面板，展开"视频效果"特效分类选项，单击"颜色校正"文件夹前面的三角形按钮▶将其展开，选中"颜色平衡"特效，如图 6-12 所示。将"颜色平衡"特效拖曳到"时间轴"面板"视频 1"轨道中的"01"文件上。选择"效果控件"面板，展开"颜色平衡"选项，将"阴影红色平衡"选项设置为 100.0，"阴影绿色平衡"选项设置为-32.0，"阴影蓝色平衡"选项设置为-74.0，"中间调蓝色平衡"选项设置为-9.7，"高光蓝色平衡"选项设置为-42.9，如图 6-13 所示。

STEP 8 选择"效果"面板，展开"视频效果"特效分类选项，单击"Digieffects Damage v2.5"文件夹前面的三角形按钮▶将其展开，选中"DE_AgedFilm"特效，如图 6-14 所示。将"DE_AgedFilm"特效拖曳到"时间轴"面板"视频 1"轨道中的"01"文件上。

图 6-12

STEP 9 选择"效果控件"面板，展开"DE_AgedFilm"选项，将"混合来源"选项设置为 10.000，"划痕数量"选项设置为 10，"划痕最大速度"选项设置为 83.00，"划痕寿命"选项设置为 43.00，"划痕透明度"选项设置为 80.00，"划痕透明度变化"选项设置为 31.00，如图 6-15 所示。怀旧影视赏析制作完成。

图 6-13　　　　　　　　图 6-14　　　　　　　　图 6-15

6.1.2　图像控制特效

图像控制特效的主要用途是对素材进行色彩的特效处理，广泛应用于视频编辑中，处理一些前期拍摄中遗留下的缺陷，或使素材达到某种预想的效果。图像控制特效是一组重要的视频特效，包含了以下 5 种效果。

1. 灰度系数校正

该特效可以通过改变素材中间色调的亮度，实现在不改变素材整体亮度和阴影的情况下，使素材变得更明亮或更灰暗。应用"灰度系数校正"特效前、后的效果分别如图 6-16 和图 6-17 所示。

图 6-16   图 6-17

2. 颜色平衡（RGB）

利用"颜色平衡（RGB）"特效，可以通过对素材中的红色、绿色和蓝色进行调整，来达到改变图像色彩效果的目的。应用该特效后，其参数面板如图 6-18 所示。

应用"颜色平衡（RGB）"特效前、后的效果分别如图 6-19 和图 6-20 所示。

图 6-18   图 6-19   图 6-20

3. 颜色替换

该特效可以指定某种颜色，然后使用一种新的颜色替换指定的颜色。应用该特效后，其参数面板如图 6-21 所示。

应用"颜色替换"特效前、后的效果分别如图 6-22 和图 6-23 所示。

图 6-21   图 6-22   图 6-23

4. 颜色过滤

该特效可以将素材中指定颜色以外的其他颜色转化成灰度（黑、白），即保留指定的颜色。应用该特效后，其参数面板如图 6-24 所示。

应用"颜色过渡"特效前、后的效果分别如图 6-25 和图 6-26 所示。

图 6-24　　　　　　　　　　　图 6-25　　　　　　　　　　　图 6-26

5. 黑白

该特效用于将彩色影像直接转换成黑白灰度影像，没有参数选项。应用"黑白"特效前、后的效果分别如图 6-27 和图 6-28 所示。

图 6-27　　　　　　　　　　　　　图 6-28

6.1.3　课堂案例——古风美景赏析

🔍 **案例学习目标**

使用多个特效编辑视频之间的叠加效果。

🔍 **案例知识要点**

使用"黑白"命令将彩色图像转换为灰度图像，使用"查找边缘"命令制作图像的边缘，使用"色阶"命令调整图像的亮度和对比度，使用"高斯模糊"命令制作图像的模糊效果，使用"旧版标题"命令添加与编辑文字，使用"擦除"特效制作文字过渡。古风美景赏析效果如图 6-29 所示。

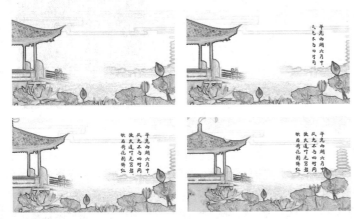

图 6-29

古风美景赏析

⊕ **效果所在位置**

资源包/Ch06/古风美景赏析/古风美景赏析.prproj。

STEP 1 启动 Premiere Pro CC 2019 软件，选择"文件 > 新建 > 项目"命令，弹出"新建项目"对话框，如图 6-30 所示，单击"确定"按钮，新建项目。选择"文件 > 新建 > 序列"命令，弹出"新建序列"对话框，单击"设置"选项卡，设置图 6-31 所示参数，单击"确定"按钮，新建序列。

图 6-30   图 6-31

STEP 2 选择"文件 > 导入"命令，弹出"导入"对话框，选择资源包中的"Ch06/古风美景赏析/素材/01"文件，如图 6-32 所示，单击"打开"按钮，将素材文件导入"项目"面板中，如图 6-33 所示。

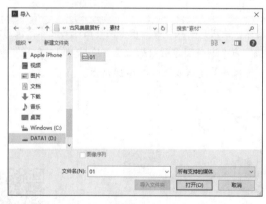

图 6-32   图 6-33

STEP 3 在"项目"面板中，选中"01"文件并将其拖曳到"时间轴"面板的"视频 1"轨道中，在弹出的"剪辑不匹配警告"对话框中单击"保持现有设置"按钮，在保持现有序列设置的情况下将文件放置在"视频 1"轨道中，如图 6-34 所示。

STEP 4 将时间指示器放置在 5:00s 的位置，将鼠标指针放在"01"文件的结束位置并单击，显示编辑点。当鼠标指针呈 ◄┃ 时，向前拖曳光标到 5:00s 的位置上，如图 6-35 所示。

图 6-34　　　　　　　　　　　　　　　图 6-35

STEP 5　将时间指示器放置在 0s 的位置。选择"效果"面板，展开"视频效果"分类选项，单击"图像控制"文件夹前面的三角形按钮▶将其展开，选中"黑白"特效，如图 6-36 所示。将"黑白"特效拖曳到"时间轴"面板中的"01"文件上，如图 6-37 所示。

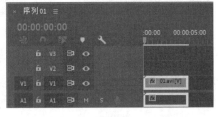

图 6-36　　　　　　　　　　　　　　　图 6-37

STEP 6　选择"效果"面板，单击"风格化"文件夹前面的三角形按钮▶将其展开，选中"查找边缘"特效，如图 6-38 所示。将"查找边缘"特效拖曳到"时间轴"面板中的"01"文件上。在"效果控件"面板中展开"查找边缘"特效，将"与原始图像混合"选项设置为 12%，如图 6-39 所示。

图 6-38　　　　　　　　　　　　　　　图 6-39

STEP 7　选择"效果"面板，单击"调整"文件夹前面的三角形按钮▶将其展开，选中"色阶"特效，如图 6-40 所示。将"色阶"特效拖曳到"时间轴"面板中的"01"文件上。在"效果控件"面板中展开"色阶"特效并进行参数设置，如图 6-41 所示。

图 6-40　　　　　　　　　　　　　　　图 6-41

STEP 8 选择"效果"面板，单击"模糊与锐化"文件夹前面的三角形按钮▶将其展开，选中"高斯模糊"特效，如图 6-42 所示。将"高斯模糊"特效拖曳到"时间轴"面板中的"01"文件上。在"效果控件"面板中展开"高斯模糊"特效，将"模糊度"选项设置为3.2，如图 6-43 所示。

图 6-42   图 6-43

STEP 9 选择"文件 > 新建 > 旧版标题"命令，弹出"新建字幕"对话框，如图 6-44 所示，单击"确定"按钮。选择"工具"面板中的"垂直文字"工具，在"字幕"编辑面板中单击插入光标，输入需要的文字。

STEP 10 在"旧版标题属性"面板中展开"变换"栏，选项的设置如图 6-45 所示。展开"属性"栏，选项的设置如图 6-46 所示，"字幕"编辑面板效果如图 6-47 所示，新建的字幕文件会自动保存到"项目"面板中。

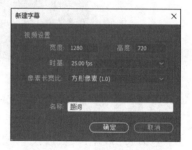

图 6-44

图 6-45   图 6-46   图 6-47

STEP 11 在"项目"面板中选中"题词"文件并将其拖曳到"时间轴"面板的"视频 2"轨道中，如图 6-48 所示。选择"效果"面板，单击"擦除"文件夹前面的三角形按钮▶将其展开，选中"划出"特效，如图 6-49 所示。

图 6-48   图 6-49

STEP 12 将"划出"特效拖曳到"时间轴"面板中"题词"文件的开始位置，如图 6-50 所示。选中"时间轴"面板中的"划出"特效，选择"效果控件"面板，将"持续时间"选项设置为 04:00，单击小视窗右侧的"自东向西"三角形按钮 ◀，如图 6-51 所示。古风美景赏析效果制作完成。

图 6-50

图 6-51

6.1.4　调整特效

如果需要调整素材的亮度、对比度、色彩及通道，修复素材的偏色或者曝光不足等缺陷，提高素材画面的颜色及亮度，制作特殊的色彩效果，最好的选择就是使用"调整"特效。该类特效是使用频繁的一类特效，共包含 5 种视频特效。

1. ProcAmp

该特效可以用于调整素材的亮度、对比度、色相及饱和度，是一个较常用的视频特效。应用"ProcAmp"特效前、后的效果分别如图 6-52 和图 6-53 所示。

图 6-52

图 6-53

2. 光照效果

该特效最多可以为素材添加 5 个灯光照明，以模拟舞台追光灯的效果。用户在该效果对应的"效果控件"面板中可以设置灯光的类型、方向、强度、颜色和中心点的位置等。应用"光照效果"特效前、后的效果分别如图 6-54 和图 6-55 所示。

图 6-54

图 6-55

3. 卷积内核

该特效根据运算改变素材中每个像素的颜色和亮度值，从而改变图像的质感。应用该特效后，其参数面板如图 6-56 所示。

"效果控件"面板中的选项说明如下。

"M11-M33"：表示像素亮度增效的矩阵，其参数值可在-30~30调整。

"偏移"：用于调整素材的色彩明暗的偏移量。

"缩放"：用于调整素材中像素亮度的缩放量。

应用"卷积内核"特效前、后的效果分别如图 6-57 和图 6-58 所示。

图 6-56

图 6-57

图 6-58

4. 提取

该特效可以从视频片段中吸取颜色，然后通过设置灰度的范围控制影像的显示。应用该特效后，其参数面板如图 6-59 所示。

"效果控件"面板中的选项说明如下。

"输入黑色阶"：用于表示画面中黑色的提取情况。

"输入白色阶"：用于表示画面中白色的提取情况。

"柔和度"：用于调整画面的灰度，数值越大，灰度越高。

"反转"：勾选此复选框，将对黑色像素范围和白色像素范围进行反转。

应用"提取"特效前、后的效果分别如图 6-60 和图 6-61 所示。

图 6-59

图 6-60

图 6-61

5. 色阶

该特效的作用是调整影片的亮度和对比度。应用该特效后，其参数面板如图 6-62 所示。操作方法为：单击右上角的"设置"按钮 ，弹出"色阶设置"对话框，如图 6-63 所示，左边显示了当前画面的柱状图，水平方向代表亮度值，垂直方向代表对应亮度值的像素总数。在该对话框上方的下拉列表中，可以选择需要调整的颜色通道。

"色阶设置"对话框中的选项说明如下。

"通道"：在该下拉列表中可以选择需要调整的通道。

"输入色阶"：用于调整颜色。拖曳下方的三角形滑块，可以改变颜色的对比度。

"输出色阶"：用于调整输出的级别。在该文本框中输入有效数值，可以对素材输出亮度进行修改。

"加载"：单击该按钮，可以载入以前所存储的效果。

"保存"：单击该按钮，可以保存当前的设置。

应用"色阶"特效前、后的效果分别如图 6-64 和图 6-65 所示。

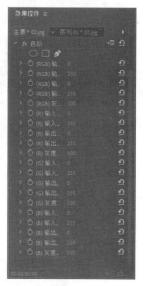

图 6-62

图 6-63

图 6-64

图 6-65

6.1.5　过时特效

"过时"视频特效主要是对图像的亮度和对比度进行修复，共包含 10 种特效。

1. RGB 曲线

该特效通过曲线调整红色、绿色和蓝色通道中的数值，达到改变图像色彩的目的。应用"RGB 曲线"特效前、后的效果分别如图 6-66 和图 6-67 所示。

图 6-66

图 6-67

2. RGB 颜色校正器

该特效通过修改 R、G、B 这 3 个通道中的参数，实现图像色彩的改变。应用"RGB 颜色校正器"特效前、后的效果分别如图 6-68 和图 6-69 所示。

图 6-68 图 6-69

3. 三向颜色校正器

该特效通过旋转 3 个色盘来调整颜色的平衡。应用"三向颜色校正器"特效前、后的效果分别如图 6-70 和图 6-71 所示。

图 6-70 图 6-71

4. 亮度曲线

该特效通过亮度曲线图实现对图像亮度的调整。应用"亮度曲线"特效前、后的效果分别如图 6-72 和图 6-73 所示。

图 6-72 图 6-73

5. 亮度校正器

该特效通过亮度进行图像颜色的校正。应用该特效后，其参数面板如图 6-74 所示。

"效果控件"面板中的选项说明如下。

"输出"：用于设置输出的选项，包括"复合""亮度""色调范围"3 个选项，如果勾选"显示拆分视图"复选框，就可以对图像进行分屏预览。

"布局"：用于设置分屏预览的布局，分为水平和垂直两个选项。

"拆分视图百分比"：用于对分屏比例进行设置。

"色调范围定义"：用于选择调整的区域。"色调范围"下拉列表中包含了"主""高光""中间调""阴影"4 个选项。

"亮度"：用于对图像的亮度进行设置。

"对比度"：用于改变图像的对比度。

"对比度级别"：用于设置对比度的级别。

"灰度系数"：在不影响黑白色阶的情况下调整图像的中间调值。

"基值"：通过将固定偏移添加到图像的像素值中来调整图像。

"增益"：通过乘法调整亮度值，从而影响图像的总体对比度。

"辅助颜色校正"：用于设置二级色彩修正。

应用"亮度校正器"特效前、后的效果分别如图 6-75 和图 6-76 所示。

   图 6-74   图 6-75   图 6-76

6. 快速模糊

该特效可以指定画面模糊程度，同时可以指定水平、垂直或两个方向的模糊程度，该特效在模糊图像时比使用"高斯模糊"处理速度快。应用该特效后，其参数面板如图 6-77 所示。

"效果控件"面板中的选项说明如下。

"模糊度"：用于调节影片的模糊程度。

"模糊维度"：用于控制图像的模糊尺寸，包括水平与垂直、水平、垂直 3 种方式。

应用"快速模糊"特效前、后的效果分别如图 6-78 和图 6-79 所示。

   图 6-77   图 6-78   图 6-79

7. 快速颜色校正器

该特效能够快速进行图像颜色修正。应用该特效后，其参数面板如图 6-80 所示。

"效果控件"面板中的选项说明如下。

"输出"：用于设置输出的选项，包括"合成"和"亮度"两个选项，如果勾选"显示拆分视图"复选框，就可以对图像进行分屏预览。

"布局"：用于设置分屏预览的布局，包括"水平"和"垂直"两个选项。

"拆分视图百分比"：用于设置分屏比例。

"白平衡"：用于设置白色平衡，数值越大，画面中的白色越多。

"色相平衡和角度"：用于调整色调平衡和角度，可以直接使用色盘改变画面中的色调。

"色相角度"：用于设置色调的补色在色盘上的位置。

"平衡数量级"：用于设置平衡的数量。

"平衡增益"：用于增加白色平衡。

"平衡角度"：用于设置白色平衡的角度。

"饱和度"：用于设置画面颜色的饱和度。

图 6-80

自动黑色阶：单击该按钮，将自动进行黑色级别调整。

自动对比度：单击该按钮，将自动进行对比度调整。

自动白色阶：单击该按钮，将自动进行白色级别调整。

"黑色阶"：用于设置黑色级别的颜色。

"灰色阶"：用于设置灰色级别的颜色。

"白色阶"：用于设置白色级别的颜色。

"输入色阶"：对输入的颜色进行级别调整，拖曳该选项颜色条下的 3 个滑块，将对"输入黑色阶""输入灰色阶""输入白色阶"3 个参数产生影响。

"输出色阶"：对输出的颜色进行级别调整，拖曳该选项颜色条下的两个滑块，将对"输出黑色阶"和"输出白色阶"两个参数产生影响。

"输入黑色阶"：用于调节黑色输入时的级别。

"输入灰色阶"：用于调节灰色输入时的级别。

"输入白色阶"：用于调节白色输入时的级别。

"输出黑色阶"：用于调节黑色输出时的级别。

"输出白色阶"：用于调节白色输出时的级别。

应用"快速色彩校正器"特效前、后的效果分别如图 6-81 和图 6-82 所示。

图 6-81

图 6-82

8. 自动颜色、自动对比度和自动色阶

使用"自动颜色""自动对比度""自动色阶"3 个特效可以快速、全面地修整素材，可以调整素材的

中间色调、暗调和高亮区的颜色。"自动颜色"特效主要用于调整素材的颜色；"自动对比度"特效主要用于调整所有颜色的亮度和对比度；"自动色阶"特效主要用于调整暗部和高亮区。

　　应用"自动颜色"特效后，其参数面板如图 6-83 所示。应用"自动颜色"特效前、后的效果分别如图 6-84 和图 6-85 所示。

图 6-83　　　　　　　　　　　图 6-84　　　　　　　　　　　图 6-85

　　应用"自动对比度"特效后，其参数面板如图 6-86 所示。应用"自动对比度"特效前、后的效果分别如图 6-87 和图 6-88 所示。

图 6-86　　　　　　　　　　　图 6-87　　　　　　　　　　　图 6-88

　　应用"自动色阶"特效后，其参数面板如图 6-89 所示。应用"自动色阶"特效前、后的效果分别如图 6-90 和图 6-91 所示。

图 6-89　　　　　　　　　　　图 6-90　　　　　　　　　　　图 6-91

　　以上 3 种特效均提供了 5 个相同的参数选项，具体含义如下。

　　"瞬时平滑（秒）"：用于设置平滑处理帧的时间间隔。当该选项的值为 0 时，Premiere Pro CC 2019

将独立地平滑处理每一帧；当该选项的值高于 1 时，Premiere Pro CC 2019 会在帧显示前以 1s 的时间间隔平滑处理帧。

"场景检测"：在设置了"瞬时平滑"选项值后，该复选框才被激活。勾选此复选框，Premiere Pro CC 2019 将忽略场景变化。

"减少黑色像素"/"减少白色像素"：用于减小图像的黑色像素/白色像素。

"与原始图像混合"：用于改变素材应用特效的程度。当该选项的值为 0 时，在素材上可以看到 100% 的特效；当该选项的值为 100 时，在素材上可以看到 0%的特效。

"自动颜色"特效还提供了"对齐中性中间调"选项。勾选此复选框，可以调整颜色的灰阶数值。

9. 视频限幅器（旧版）

该特效利用视频限幅器对图像的颜色进行调整。应用"视频限幅器（旧版）"特效前、后的效果分别如图 6-92 和图 6-93 所示。

图 6-92　　　　　　　　　　　　　　　　　图 6-93

10. 阴影/高光

该特效用于调整素材的阴影和高光区域，应用"阴影/高光"特效前、后的效果分别如图 6-94 和图 6-95 所示。该特效不应用于整个图像的调暗或增加图像的亮度，但可以基于图像周围的像素，单独调整图像高光区域。

图 6-94　　　　　　　　　　　　　　　　　图 6-95

6.1.6　课堂练习——海滨城市写真

案例学习目标

学习使用颜色校正特效制作写真。

案例知识要点

使用"亮度与对比度"特效调整图像的亮度与对比度，使用"均衡"特效均衡图像颜色，使用"颜色平衡（HLS）"特效调整图像的颜色。海滨城市写真效果如图 6-96 所示。

海滨城市写真

图 6-96

🔍 **效果所在位置**

资源包/Ch06/海滨城市写真/海滨城市写真.prproj。

STEP⬈1 启动 Premiere Pro CC 2019 软件，选择"文件 > 新建 > 项目"命令，弹出"新建项目"对话框，如图 6-97 所示，单击"确定"按钮，新建项目。选择"文件 > 新建 > 序列"命令，弹出"新建序列"对话框，单击"设置"选项卡，设置图 6-98 所示参数，单击"确定"按钮，新建序列。

图 6-97

图 6-98

STEP⬈2 选择"文件 > 导入"命令，弹出"导入"对话框，选择资源包中的"Ch06/海滨城市写真/素材"路径下的"01"和"02"文件，如图 6-99 所示，单击"打开"按钮，将素材文件导入"项目"面板中，如图 6-100 所示。

图 6-99

图 6-100

STEP 3 在"项目"面板中，选中"01"和"02"文件并将其拖曳到"时间轴"面板的"视频1"轨道中，在弹出的"剪辑不匹配警告"对话框中单击"保持现有设置"按钮，在保持现有序列设置的情况下将文件放置在"视频1"轨道中，如图6-101所示。

STEP 4 将时间标签放置在05:00s的位置上，将鼠标指针放在"01"文件的结束位置并单击，显示编辑点。当鼠标指针呈◀时，向左拖曳指针到05:00s的位置上，如图6-102所示。

图6-101

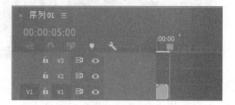

图6-102

STEP 5 将时间标签放置在0s的位置，选择"时间轴"面板中的"01"文件，如图6-103所示。选择"效果控件"面板，展开"运动"选项，将"缩放"选项设置为67.0，如图6-104所示。

图6-103

图6-104

STEP 6 选择"效果"面板，展开"视频效果"特效分类选项，单击"颜色校正"文件夹前面的三角形按钮▶将其展开，选中"亮度与对比度"特效，如图6-105所示。将"亮度与对比度"特效拖曳到"时间轴"面板"视频1"轨道中的"01"文件上，如图6-106所示。

图6-105

图6-106

STEP 7 选择"效果控件"面板，展开"亮度与对比度"选项，单击"亮度"和"对比度"选项左侧的"切换动画"按钮，如图6-107所示，记录第1个动画关键帧。将时间标签放置在02:00s的位置，将"亮度"选项设置为 5.0，"对比度"选项设置为 22.0，如图 6-108 所示，记录第 2 个动画关键帧。

图 6-107

图 6-108

STEP 8 将时间标签放置在 0s 的位置。选择"效果"面板，单击"颜色校正"文件夹前面的三角形按钮将其展开，选中"均衡"特效，如图 6-109 所示。将"均衡"特效拖曳到"时间轴"面板"视频 1"轨道中的"01"文件上，如图 6-110 所示。

图 6-109

图 6-110

STEP 9 选择"效果控件"面板，展开"均衡"选项，将"均衡量"选项设置为 20.0%，单击"均衡量"选项左侧的"切换动画"按钮，如图 6-111 所示，记录第 1 个动画关键帧。将时间标签放置在 02:00s 的位置，将"均衡量"选项设置为 100.0%，如图 6-112 所示，记录第 2 个动画关键帧。

图 6-111

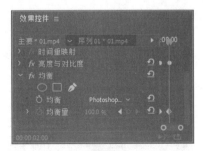

图 6-112

STEP 10 将时间标签放置在 0s 的位置。选择"效果"面板，选中"颜色校正"文件夹中的"颜色平衡"特效，如图 6-113 所示。将"颜色平衡"特效拖曳到"时间轴"面板"视频 1"轨道中的"01"

文件上，如图 6-114 所示。

图 6-113　　　　　　　　　　图 6-114

STEP 11 选择"效果控件"面板，展开"颜色平衡"选项，单击"阴影红色平衡"选项左侧的"切换动画"按钮，如图 6-115 所示，记录第 1 个动画关键帧。将时间标签放置在 02:00s 的位置，将"阴影红色平衡"选项设置为 100.0，如图 6-116 所示，记录第 2 个动画关键帧。

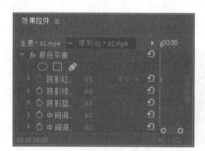

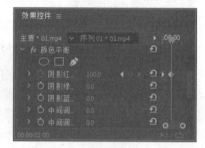

图 6-115　　　　　　　　　　图 6-116

STEP 12 单击"阴影蓝色平衡"选项左侧的"切换动画"按钮，如图 6-117 所示，记录第 1 个动画关键帧。将时间标签放置在 04:00s 的位置，将"阴影蓝色平衡"选项设置为 -50.0，如图 6-118 所示，记录第 2 个动画关键帧。

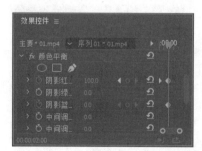
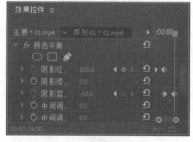

图 6-117　　　　　　　　　　图 6-118

STEP 13 在"项目"面板中，选中"02"文件并将其拖曳到"时间轴"面板的"视频 2"轨道中，如图 6-119 所示。选中"时间轴"面板中的"02"文件，选择"效果控件"面板，展开"运动"选项，将"位置"选项设置为 1089.0 和 664.0，"缩放"选项设置为 130.0，如图 6-120 所示。海滨城市写真制作完成。

图 6-119　　　　　　　　　　　　　　　　图 6-120

6.1.7　颜色校正特效

颜色校正视频特效主要用于对视频素材进行颜色校正，该特效包括以下 12 种类型。

1. ASC CDL

该特效用于调整素材的红、绿、蓝颜色及饱和度从而调整图像颜色。应用该特效后，其参数面板如图 6-121 所示。应用"ASC CDL"特效前、后的效果分别如图 6-122 和图 6-123 所示。

图 6-121　　　　　　　　　　图 6-122　　　　　　　　　　图 6-123

2. Lumetri 颜色

该特效可以快速完成素材的白平衡、颜色分级等高级调整，如图 6-124 所示。

3. 亮度与对比度

该特效用于调整素材的亮度和对比度，并同时调节所有素材的亮部、暗部和中间色。应用该特效后，其参数面板如图 6-125 所示。

"效果控件"面板中的选项说明如下。

"亮度"：用于调整素材画面的亮度。

"对比度"：用于调整素材画面的对比度。

图 6-124

应用"亮度与对比度"特效前、后的效果分别如图 6-126 和图 6-127 所示。

图 6-125

图 6-126

图 6-127

4. 保留颜色

该特效可以准确地指定颜色或者删除图层中的颜色。应用该特效后，其参数面板如图 6-128 所示。"效果控件"面板中的选项说明如下。

"脱色量"：用于设置指定层中需要删除的颜色数量。

"要保留的颜色"：用于设置图像中需要分离的颜色。

"容差"：用于设置颜色的容差度。

"边缘柔和度"：用于设置颜色分界线的柔和程度。

"匹配颜色"：用于设置颜色的对应模式。

应用"保留颜色"特效前、后的效果分别如图 6-129 和图 6-130 所示。

图 6-128

图 6-129

图 6-130

5. 均衡

该特效可以修改图像的像素值，并将其颜色值进行平均化处理。应用该特效后，其参数面板如图 6-131 所示。"效果控件"面板中的选项说明如下。

"均衡"：用于设置平均化的方式，包括"RGB""亮度""Photoshop 样式"3 个选项。

"均衡量"：用于设置重新分布亮度值的程度。

应用"均衡"特效前、后的效果分别如图 6-132 和图 6-133 所示。

图 6-131

图 6-132

图 6-133

6．更改为颜色

该特效可以在图像中选择一种颜色，将其转换为另一种颜色的色调、明度及饱和度。应用该特效后，其参数面板如图 6-134 所示。

"效果控件"面板中的选项说明如下。

"自"：用于设置当前图像中需要转换的颜色，可以利用其右侧的"吸管工具" 🖉 在"节目"预览面板中提取颜色。

"至"：用于设置转换后的颜色。

"更改"：用于设置在 HLS 颜色模式下产生影响的通道。

"更改方式"：用于设置颜色转换方式，包括"设置为颜色"和"变换为颜色"两个选项。

"容差"：用于设置色调、明暗度及饱和度的值。

"柔和度"：通过百分比的值控制柔和度。

"查看校正遮罩"：通过遮罩控制发生改变的部分。

应用"更改为颜色"特效前、后的效果分别如图 6-135 和图 6-136 所示。

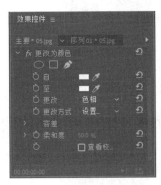
图 6-134

图 6-135

图 6-136

7．更改颜色

该特效用于改变图像中某种颜色区域的色调。应用该特效后，其参数面板如图 6-137 所示。

"效果控件"面板中的选项说明如下。

"视图"：用于设置在合成图像中观看的效果，包含了两个选项，分别为"校正的图层"和"色彩校正蒙版"。

"色相变换"：用于调整色相，以"度"为单位改变所选区域的颜色。

"亮度变换"：用于设置所选颜色的明暗度。

"饱和度变换"：用于设置所选颜色的饱和度。

"要更改的颜色"：用于设置图像中要改变颜色的区域。

"匹配容差"：用于设置颜色匹配的相似程度。

图 6-137

"匹配柔和度"：用于设置颜色的柔和度。

"匹配颜色"：用于设置颜色空间，包括"使用 RGB""使用色相""使用色度"3 个选项。

"反转颜色校正蒙版"：勾选此复选框，可以将颜色进行反向校正。

应用"更改颜色"特效前、后的效果分别如图 6-138 和图 6-139 所示。

图 6-138   图 6-139

8. 色调

该特效用于调整图像中包含的颜色信息，在最亮和最暗之间确定融合度。应用"色调"特效前、后的效果分别如图 6-140 和图 6-141 所示。

图 6-140   图 6-141

9. 视频限幅器

该特效利用视频限幅器对图像的颜色进行调整。应用"视频限幅器"特效前、后的效果分别如图 6-142 和图 6-143 所示。

图 6-142   图 6-143

10. 通道混合器

该特效用于调整通道之间的颜色数值，实现图像颜色的调整。通过选择每一个颜色通道的百分比组成方式，可以创建高质量的灰度图像，也可以创建高质量的棕色或其他色调的图像，还可以对通道进行交换和复制。应用"通道混合器"特效前、后的效果分别如图 6-144 和图 6-145 所示。

图 6-144   图 6-145

11. 颜色平衡

应用该特效，可以按照 RGB 颜色调节影片的颜色，以达到校色的目的。应用"颜色平衡"特效前、后的效果分别如图 6-146 和图 6-147 所示。

图 6-146

图 6-147

12. 颜色平衡（HLS）

通过对图像色相、亮度及饱和度的精确调整，可以实现对图像颜色的改变。应用该特效后，其参数面板如图 6-148 所示。

"效果控件"面板中的选项说明如下。

"色相"：用于改变图像的色相。

"亮度"：用于设置图像的亮度。

"饱和度"：用于设置图像的饱和度。

应用"颜色平衡（HLS）"特效前、后的效果分别如图 6-149 和图 6-150 所示。

图 6-148

图 6-149

图 6-150

6.2　抠像及叠加技术

在 Premiere Pro CC 2019 中，用户不仅能够组合和编辑素材，还能够使源素材与其他素材相互叠加，从而生成合成效果。一些效果绚丽的复合影视作品就是通过使用多个视频轨道的叠加、透明，以及应用各种类型的键控来实现的。虽然 Premiere Pro CC 2019 不是专用的合成软件，但是有着强大的合成功能，既可以合成视频素材，也可以合成静止的图像，或者在两者之间相加合成。合成是影视制作过程中一个很常用的重要技术，在 DV 制作过程中也比较常用。

6.2.1　课堂练习——淡彩铅笔画赏析

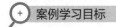
案例学习目标

学习使用影视合成制作淡彩铅笔画赏析。

🔍 **案例知识要点**

使用"导入"命令导入素材文件，使用"不透明度"选项制作素材合成，使用"查找边缘"特效制作图像的边缘，使用"色阶"特效调整图像的颜色，使用"画笔描边"特效制作图像的画笔效果。淡彩铅笔画赏析效果如图 6-151 所示。

图 6-151

淡彩铅笔画赏析

🔍 **效果所在位置**

资源包/Ch06/淡彩铅笔画赏析/淡彩铅笔画赏析.prproj。

STEP 1 启动 Premiere Pro CC 2019 软件，选择"文件 > 新建 > 项目"命令，弹出"新建项目"对话框，如图 6-152 所示，单击"确定"按钮，新建项目。选择"文件 > 新建 > 序列"命令，弹出"新建序列"对话框，单击"设置"选项卡，设置图 6-153 所示参数，单击"确定"按钮，新建序列。

图 6-152   图 6-153

STEP 2 选择"文件 > 导入"命令，弹出"导入"对话框，选择资源包中的"Ch06/淡彩铅笔画赏析/素材"路径下的"01"和"02"文件，如图 6-154 所示，单击"打开"按钮，将素材文件导入"项目"面板中，如图 6-155 所示。

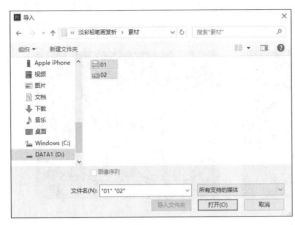

图 6-154 图 6-155

STEP 3 在"项目"面板中,选中"01"文件并将其拖曳到"时间轴"面板的"视频 1"轨道中,在弹出的"剪辑不匹配警告"对话框中单击"保持现有设置"按钮,在保持现有序列设置的情况下将文件放置在"视频 1"轨道中,如图 6-156 所示。选中"时间轴"面板中的"01"文件,选择"效果控件"面板,展开"运动"选项,将"缩放"选项设置为 67.0,如图 6-157 所示。按 Ctrl+C 组合键,复制"01"文件。

图 6-156 图 6-157

STEP 4 单击"视频 1"轨道的轨道标签,取消选中状态。单击"视频 2"轨道的轨道标签,将此轨道设置为目标轨道,如图 6-158 所示。按 Ctrl+V 组合键,将"01"文件粘贴到"视频 2"轨道中,如图 6-159 所示。

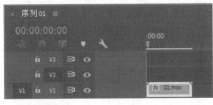

图 6-158 图 6-159

STEP 5 将时间指示器放置在 0s 的位置。选择"效果控件"面板,展开"不透明度"选项,将

"不透明度"选项设置为 70.0%，如图 6-160 所示，记录第 1 个动画关键帧。将时间指示器放置在 01:12s 的位置，将"不透明度"选项设置为 50.0%，如图 6-161 所示，记录第 2 个动画关键帧。

图 6-160

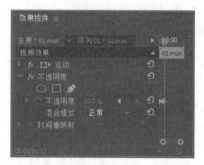

图 6-161

STEP 6 选择"效果"面板，展开"视频效果"特效分类选项，单击"风格化"文件夹前面的三角形按钮将其展开，选中"查找边缘"特效，如图 6-162 所示。将"查找边缘"特效拖曳到"时间轴"面板"视频 2"轨道中的"01"文件上。

STEP 7 将时间指示器放置在 0s 的位置。选择"效果控件"面板，展开"查找边缘"选项，将"与原始图像混合"选项设置为 50%，单击此选项左侧的"切换动画"按钮，如图 6-163 所示，记录第 1 个动画关键帧。

图 6-162

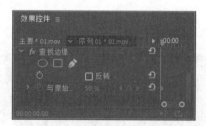

图 6-163

STEP 8 将时间指示器放置在 03:10s 的位置，将"与原始图像混合"选项设置为 45%，如图 6-164 所示，记录第 2 个动画关键帧。将时间指示器放置在 06:13s 的位置，将"与原始图像混合"选项设置为 55%，如图 6-165 所示，记录第 3 个动画关键帧。

图 6-164

图 6-165

STEP 9 选择"效果"面板，单击"调整"文件夹前面的三角形按钮将其展开，选中"色阶"特效，如图 6-166 所示。将"色阶"特效拖曳到"时间轴"面板"视频 2"轨道中的"01"文件上。

STEP 10 选择"效果控件"面板，展开"色阶"选项，将"（RGB）输入黑色阶"选项设置为85，"（RGB）输入白色阶"选项设置为 200，如图 6-167 所示。

图 6-166　　　　　　　　　　　　　图 6-167

STEP 11 选择"效果"面板，单击"风格化"文件夹前面的三角形按钮 ▶ 将其展开，选中"画笔描边"特效，如图 6-168 所示。将"画笔描边"特效拖曳到"时间轴"面板"视频 2"轨道中的"01"文件上。选择"效果控件"面板，展开"画笔描边"选项，选项的设置如图 6-169 所示。

图 6-168　　　　　　　　　　　　　图 6-169

STEP 12 在"项目"面板中，选中"02"文件并将其拖曳到"时间轴"面板的"视频 3"轨道中，如图 6-170 所示。将鼠标指针放在"02"文件的结束位置并单击，显示编辑点。当鼠标指针呈 ◀ 时，向右拖曳指针到"01"文件的结束位置上，如图 6-171 所示。

图 6-170　　　　　　　　　　　　　图 6-171

STEP 13 选择"时间轴"面板中的"02"文件，如图 6-172 所示。选择"效果控件"面板，展开"运动"选项，将"位置"选项设置为 640.0 和 503.0，如图 6-173 所示。淡彩铅笔画赏析效果制作完成。

图 6-172   图 6-173

6.2.2 合成简介

合成一般用于制作效果比较复杂的影视作品，简称复合影视，它主要通过使用多个视频素材进行叠加、透明及应用各种类型的键控来实现。在电视制作上，键控也常被称为"抠像"，而在电影制作中则被称为"遮罩"。Premiere Pro CC 2019 是在多个视频轨道中的素材实现切换之后，才将叠加轨道上的素材相互叠加的，较高层轨道的素材会叠加在较低层轨道的素材上并在"监视器"面板优先显示出来，也就意味着将在其他素材的上面播放。

1. 透明

使用透明叠加的原理是因为每个素材都有一定的不透明度，在不透明度为 0% 时，图像完全透明；在不透明度为 100% 时，图像完全不透明；不透明度介于两者之间，图像呈半透明。在 Premiere Pro CC 2019 中，将一个素材叠加在另一个素材上之后，位于轨道上面的素材能够显示其下方素材的部分图像，所利用的就是素材的不透明度。因此，素材不透明度的设置，可以制作透明叠加的效果，原图和叠加后的效果分别如图 6-174、图 6-175 和图 6-176 所示。

图 6-174   图 6-175   图 6-176

用户可以使用 Alpha 通道、蒙版或键控来定义素材透明区域和不透明区域，通过设置素材的不透明度并结合使用不同的混合模式，创建出绚丽多彩的影视视觉效果。

2. Alpha 通道

素材的颜色信息都被保存在 3 个通道中，这 3 个通道分别是红色通道、绿色通道和蓝色通道。另外，在素材中还包含看不见的第 4 个通道，即 Alpha 通道，它用于存储素材的透明度信息。

当在"After Effects Composition"面板或者 Premiere Pro CC 2019 的"监视器"面板中查看 Alpha 通道时，白色区域是完全不透明的，黑色区域是完全透明的，两者之间的区域则是半透明的。

3. 蒙版

"蒙版"是一个层，用于定义层的透明区域，白色区域定义的是完全不透明的区域，黑色区域定义的是完全透明的区域，两者之间的区域则是半透明的，这点类似于 Alpha 通道。通常，Alpha 通道就被用作蒙版，但是使用蒙版定义素材的透明区域要比使用 Alpha 通道更好，因为很多原始素材不包含 Alpha 通道。

TGA、TIFF、EPS 等格式的素材都包含 Alpha 通道。在使用 Adobe Illustrator EPS 和 PDF 格式的素材时，After Effects 会自动将空白区域转换为 Alpha 通道。

4. 键控

前面已经介绍，在进行素材合成时，可以使用 Alpha 通道将不同的素材对象合成到一个场景中。但是在实际的工作中，能够使用 Alpha 通道进行合成的原始素材非常少，因为摄像机是无法产生 Alpha 通道的，这时使用键控（即抠像）技术就非常重要了。

键控（即抠像）使用特定的颜色值（颜色键）和亮度值（亮度键）来定义视频素材中的透明区域。当断开颜色值时，颜色值或者亮度值相同的所有像素都将变为透明。

使用键控可以很容易地为一个颜色或者亮度一致的视频素材替换背景，这个技术一般被称为"蓝屏技术"或"绿屏技术"，也就是背景色完全是蓝色或者绿色，当然也可以是其他颜色的背景，图像调整的过程如图 6-177、图 6-178 和图 6-179 所示。

| 图 6-177 | 图 6-178 | 图 6-179 |

6.2.3 合成视频

在非线性编辑中，每一个视频素材就是一个图层，将这些图层放置于"时间轴"面板中的不同视频轨道上以不同的透明度相叠加，即可实现视频的合成效果。

在进行合成视频操作之前，应注意以下 7 点对叠加的使用。

（1）叠加效果的产生对象必须是两个或者两个以上的素材，有时候为了实现效果可以创建一个字幕或者颜色蒙版文件。

（2）只能对重叠轨道上的素材应用透明叠加设置，在默认设置下，每一个新建项目都包含两个可重叠轨道——"视频 2"和"视频 3"轨道，当然也可以另外增加多个重叠轨道。

（3）在 Premiere Pro CC 2019 中制作叠加效果，首先合成视频主轨道上的素材（包括过渡转场效果），然后将被叠加的素材叠加到背景素材中。在叠加过程中，首先叠加较低层轨道的素材，然后以叠加后的素材为背景来叠加较高层轨道的素材，这样在叠加完成后，最高层的素材就位于画面的顶层了。

（4）透明素材必须放置在其他素材之上，并将想要叠加的素材放置于叠加轨道上——"视频 2"或更高的视频轨道上。

（5）背景素材可以放置在视频主轨道"视频 1"或"视频 2"轨道上，即较低层的叠加轨道上的素材可以作为较高层叠加轨道上素材的背景。

（6）需要对位于最高层轨道上的素材进行透明设置和调整，否则其下方的所有素材均不能显示。

（7）叠加有两种方式，一种是混合叠加方式，另一种是淡化叠加方式。

混合叠加方式是将素材的一部分叠加到另一个素材上，因此作为前景的素材最好具有单一的底色并且与需要保留的部分对比鲜明，这样才容易将底色变为透明，再叠加到作为背景的素材上，背景在前景素材透明处可见，从而使前景色保留的部分看上去像原来属于背景素材中的一部分。

淡化叠加方式通过调整整个前景的透明度，从而让前景暗淡，让背景素材逐渐显现出来，达到一种梦幻或朦胧的效果。

图 6-180 和图 6-181 所示分别为混合叠加方式和淡化叠加方式的效果。

图 6-180 图 6-181

6.2.4 课堂练习——折纸世界栏目片头

🔍 **案例学习目标**

学习使用键控特效抠出视频文件中的折纸。

🔍 **案例知识要点**

使用"导入"命令导入视频文件，使用"颜色键"特效抠出折纸视频，使用"效果控件"面板制作文字动画。折纸世界栏目片头效果如图 6-182 所示。

图 6-182

折纸世界栏目片头

🔍 **效果所在位置**

资源包/Ch06/折纸世界栏目片头/折纸世界栏目片头.prproj。

STEP 1 启动 Premiere Pro CC 2019 软件，选择"文件 > 新建 > 项目"命令，弹出"新建项目"对话框，如图 6-183 所示，单击"确定"按钮，新建项目。选择"文件 > 新建 > 序列"命令，弹出"新建序列"对话框，单击"设置"选项卡，设置图 6-184 所示参数，单击"确定"按钮，新建序列。

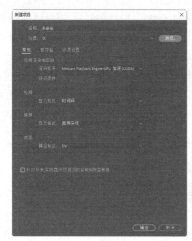

图 6-183　　　　　　　　　　　　　　　　　　图 6-184

STEP 2 选择"文件 > 导入"命令，弹出"导入"对话框，选择资源包中的"Ch06/折纸世界栏目片头/素材"路径下的"01"～"03"文件，如图 6-185 所示，单击"打开"按钮，将素材文件导入"项目"面板中，如图 6-186 所示。

图 6-185　　　　　　　　　　　　　　　　　　图 6-186

STEP 3 在"项目"面板中，选中"01"文件并将其拖曳到"时间轴"面板的"视频 1"轨道中，在弹出的"剪辑不匹配警告"对话框中单击"保持现有设置"按钮，在保持现有序列设置的情况下将"01"文件放置在"视频 1"轨道中，如图 6-187 所示。选中"时间轴"面板中的"01"文件，选择"效果控件"面板，展开"运动"选项，将"缩放"选项设置为 67.0，如图 6-188 所示。

图 6-187　　　　　　　　　　　　　　　　　　图 6-188

STEP 4 在"项目"面板中，选中"02"文件并将其拖曳到"时间轴"面板的"视频 2"轨道中，如图 6-189 所示。选择"效果"面板，展开"视频效果"特效分类选项，单击"键控"文件夹前面的三角形按钮▶将其展开，选中"颜色键"特效，如图 6-190 所示。

图 6-189   图 6-190

STEP 5 将"颜色键"特效拖曳到"时间轴"面板"视频 2"轨道中的"02"文件上，如图 6-191 所示。选择"效果控件"面板，展开"颜色键"选项，将"主要颜色"选项设置为蓝色（4、1、167），"颜色容差"选项设置为 32，"边缘细化"选项设置为 3，如图 6-192 所示。

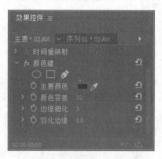

图 6-191   图 6-192

STEP 6 在"项目"面板中，选中"03"文件并将其拖曳到"时间轴"面板中的"视频 3"轨道中，如图 6-193 所示。将鼠标指针放在"03"文件的结束位置并单击，显示编辑点。当鼠标指针呈◀▶时，向右拖曳指针到"02"文件的结束位置，如图 6-194 所示。

图 6-193   图 6-194

STEP 7 选中"时间轴"面板中的"03"文件，选择"效果控件"面板，展开"运动"选项，将"缩放"选项设置为 0.0，单击"缩放"选项左侧的"切换动画"按钮 ⏱，如图 6-195 所示，记录第 1 个动画关键帧。将时间标签放置在 02:07s 的位置，将"缩放"选项设置为 170.0，如图 6-196 所示，记录第 2 个动画关键帧。折纸世界栏目片头制作完成。

图 6-195

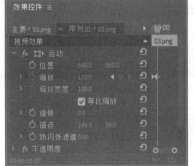

图 6-196

6.2.5 抠像技术

Premiere Pro CC 2019 中自带了 9 种键控特效,下面讲解各种抠像特效的使用方法。

1. Alpha 调整

该特效主要通过调整当前素材的 Alpha 通道信息(即改变 Alpha 通道的透明度),使当前素材与其下
面图层的素材产生不同的叠加效果。如果当前素材不包含 Alpha 通道,改
变的将是整个素材的透明度。应用该特效后,其参数面板如图 6-197 所示。

"效果控件"面板中的选项说明如下。

"不透明度":用于调整画面的不透明度。

"忽略 Alpha":勾选此复选框,可以忽略 Alpha 通道。

"反转 Alpha":勾选此复选框,可以对通道进行反向处理。

"仅蒙版":勾选此复选框,可以将通道作为蒙版使用。

图 6-197

应用"Alpha 调整"特效的前、后效果如图 6-198、图 6-199 和图 6-200
所示。

图 6-198

图 6-199

图 6-200

2. 亮度键

运用该特效,可以将被叠加的图像的灰色值设置为透明,而且保持色度不变,该特效对明暗对比强烈
的图像非常有用。应用"亮度键"特效的前、后效果如图 6-201、图 6-202 和图 6-203 所示。

图 6-201

图 6-202

图 6-203

3. 图像遮罩键

运用该特效，可以将外部图像素材作为被叠加的底纹背景素材。相对于底纹而言，前面画面中的白色区域是不透明的，背景画面的相关部分不能显示出来，黑色区域是透明的区域，灰色区域为部分透明。如果想保持前面的色彩，那么作为底纹的图像，最好选用灰度图像。应用"图像遮罩键"特效的前、后效果如图 6-204、图 6-205 和图 6-206 所示。

图 6-204　　　　　　　　图 6-205　　　　　　　　图 6-206

 提 示

在使用图像遮罩键进行图像遮罩时，遮罩图像的名称和文件夹都不能使用中文，否则图像遮罩将没有效果。

4. 差值遮罩

该特效可以叠加两个图像间不同部分的纹理，保留对方的纹理颜色。应用"差值遮罩"特效的前、后效果如图 6-207、图 6-208 和图 6-209 所示。

图 6-207　　　　　　　　图 6-208　　　　　　　　图 6-209

5. 移除遮罩

该特效可以将原有的遮罩移除，如移除画面中的白色区域或黑色区域。

6. 超级键

该特效通过指定某种颜色，在选项中调整容差值等参数，来显示素材的透明效果。应用"超级键"特效的前、后效果如图 6-210、图 6-211 和图 6-212 所示。

图 6-210　　　　　　　　图 6-211　　　　　　　　图 6-212

7. 轨道遮罩键

该特效将遮罩层进行适当比例的缩小，并显示在原图层上。应用"轨道遮罩键"特效的前、后效果如图 6-213、图 6-214 和图 6-215 所示。

　　　图 6-213　　　　　　　　　　图 6-214　　　　　　　　　　图 6-215

8. 非红色键

该特效可以叠加具有蓝色背景的素材，并使这类背景产生透明效果。应用"非红色键"特效的前、后效果如图 6-216、图 6-217 和图 6-218 所示。

　　　图 6-216　　　　　　　　　　图 6-217　　　　　　　　　　图 6-218

9. 颜色键

使用"颜色键"特效，可以根据指定的颜色将素材中像素值相同的颜色设置为透明。该特效与"亮度键"特效类似，同样是在素材中选择一种颜色或一个颜色范围并将其设置为透明，但"颜色键"特效可以单独调节素材像素颜色和灰度值，而"亮度键"特效则是同时调节这些内容。应用"颜色键"特效的前、后效果如图 6-219、图 6-220 和图 6-221 所示。

　　　图 6-219　　　　　　　　　　图 6-220　　　　　　　　　　图 6-221

6.3　课堂练习——情趣生活赏析

练习知识要点

使用"ProcAmp"特效调整视频的饱和度，使用"亮度与对比度"命令调整图像的亮度和对比度，使用"颜色平衡"特效调整图像颜色。情趣生活赏析效果如图 6-222 所示。

图 6-222

效果所在位置

资源包/Ch06/情趣生活赏析/情趣生活赏析.prproj。

6.4 课后习题——美好生活赏析

习题知识要点

使用"ProcAmp"特效调整视频的饱和度，使用"光照效果"特效添加光照效果并制作动画。美好生活赏析效果如图 6-223 所示。

美好生活赏析

图 6-223

效果所在位置

资源包/Ch06/美好生活赏析/美好生活赏析.prproj。

Premiere Pro CC

Chapter

7

第 7 章
字幕与字幕特技

本章主要讲解字幕的制作方法，并对字幕的创建、保存以及字幕窗口中的各项功能与使用方法进行详细介绍。通过本章的学习，读者能快速掌握编辑字幕的操作技巧。

课堂学习目标

- 熟练掌握创建字幕对象的方法

- 掌握编辑与修饰字幕的技巧

- 了解创建运动字幕的方法和技巧

7.1 创建字幕对象

在 Premiere Pro CC 2019 软件中，用户可以非常方便地创建传统、图形和开放式字幕，也可以创建沿路径行走的字幕，以及段落字幕。

7.1.1 课堂案例——音乐节宣传广告

⊕ 案例学习目标

学习使用"基本图形"面板创建字幕。

⊕ 案例知识要点

使用"导入"命令导入素材文件，使用"基本图形"面板添加文本，使用"效果控件"面板制作文本动画。音乐节宣传广告效果如图 7-1 所示。

图 7-1

音乐节宣传广告

⊕ 效果所在位置

资源包/Ch07/音乐节宣传广告/音乐节宣传广告.prproj。

1. 添加并剪辑影视素材

STEP ↘1 启动 Premiere Pro CC 2019 软件，选择"文件 > 新建 > 项目"命令，弹出"新建项目"对话框，如图 7-2 所示，单击"确定"按钮，新建项目。选择"文件 > 新建 > 序列"命令，弹出"新建序列"对话框，单击"设置"选项卡，设置图 7-3 所示参数，单击"确定"按钮，新建序列。

图 7-2   图 7-3

STEP 2 选择"文件 > 导入"命令，弹出"导入"对话框，选择资源包中的"Ch07/音乐节宣传广告/素材"路径下的"01"～"05"文件，如图 7-4 所示，单击"打开"按钮，将素材文件导入"项目"面板中，如图 7-5 所示。

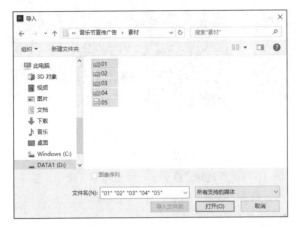

图 7-4　　　　　　　　　　　　　　　　　　　图 7-5

STEP 3 在"项目"面板中，选中"05"文件并将其拖曳到"时间轴"面板的"视频 1"轨道中，弹出"剪辑不匹配警告"对话框，如图 7-6 所示，单击"保持现有设置"按钮，在保持现有序列设置的情况下将"05"文件放置在"视频 1"轨道中，如图 7-7 所示。

图 7-6　　　　　　　　　　　　　　　　　　图 7-7

STEP 4 选择"剪辑 > 速度/持续时间"命令，在弹出的"剪辑速度/持续时间"对话框中进行设置，如图 7-8 所示，单击"确定"按钮，效果如图 7-9 所示。

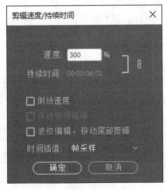

图 7-8　　　　　　　　　　　　　图 7-9

STEP 5 在"项目"面板中，选中"01"文件并将其拖曳到"时间轴"面板的"视频2"轨道中，如图7-10所示。将鼠标指针放在"01"文件的结束位置，当鼠标指针呈◀时，向右拖曳指针到"05"文件的结束位置，如图7-11所示。

图7-10

图7-11

STEP 6 将时间标签放置在01:00s的位置上。在"项目"面板中，选中"02"文件并将其拖曳到"时间轴"面板的"视频3"轨道中，如图7-12所示。选择"序列 > 添加轨道"命令，在弹出的"添加轨道"对话框中进行设置，如图7-13所示，单击"确定"按钮，在"时间轴"面板中添加5条视频轨道。

图7-12

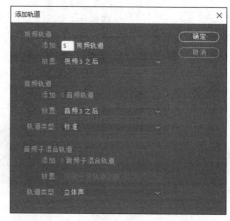

图7-13

STEP 7 将时间标签放置在01:16s的位置上。在"项目"面板中，选中"03"文件并将其拖曳到"时间轴"面板的"视频4"轨道中，如图7-14所示。将鼠标指针放在"03"文件的结束位置，当鼠标指针呈◀时，向左拖曳指针到"02"文件的结束位置，如图7-15所示。

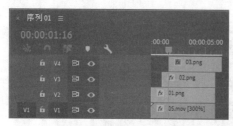

图7-14

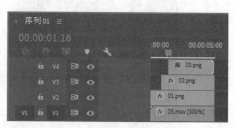

图7-15

STEP⏎8　将时间标签放置在 02:07s 的位置上。在"项目"面板中，选中"04"文件并将其拖曳到"时间轴"面板的"视频 5"轨道中，如图 7-16 所示。将鼠标指针放在"04"文件的结束位置，当鼠标指针呈◀时，向左拖曳指针到"03"文件的结束位置，如图 7-17 所示。

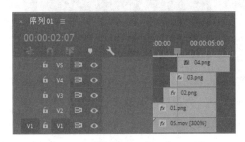

图 7-16　　　　　　　　　　　　　　　　　图 7-17

2. 添加图形并制作动画

STEP⏎1　将时间标签放置在 03:07s 的位置上。选择"基本图形"面板，单击"编辑"选项卡，单击"新建图层"按钮**⊡**，在弹出的菜单中选择"直排文本"命令，如图 7-18 所示。在"时间轴"面板的"视频 6"轨道中生成"新建文本图层"文件，如图 7-19 所示。

图 7-18

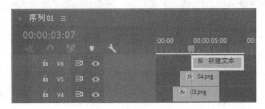

图 7-19

STEP⏎2　将鼠标指针放在"新建文本图层"文件的结束位置，当鼠标指针呈◀时，向左拖曳指针到"04"文件的结束位置，如图 7-20 所示，"节目"监视器面板中的效果如图 7-21 所示。

图 7-20

图 7-21

STEP⏎3　在"节目"监视器面板中修改文字，效果如图 7-22 所示。在"基本图形"面板中选择"只有音乐"图层，在"对齐并变换"栏中的设置如图 7-23 所示。

图 7-22

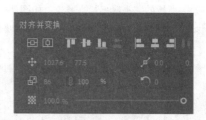
图 7-23

STEP 4 选择"节目"监视器面板中的文字"只有"，在"基本图形"面板的"文本"和"外观"栏的设置如图 7-24 所示。选择"节目"监视器面板中的文字"音乐"，在"基本图形"面板的"外观"栏中将"填充"选项设置为暗红色（187、1、16），其他选项的设置如图 7-25 所示。"节目"监视器面板中的效果如图 7-26 所示。

图 7-24

图 7-25

图 7-26

STEP 5 选择"效果控件"面板，展开"运动"选项，将"缩放"选项设置为 20.0，单击选项左侧的"切换动画"按钮，如图 7-27 所示，记录第 1 个动画关键帧。将时间标签放置在 04:00s 的位置，在"效果控件"面板中，将"缩放"选项设置为 100.0，如图 7-28 所示，记录第 2 个动画关键帧。

图 7-27

图 7-28

STEP 6 将时间标签放置在 03:07s 的位置。选择"效果控件"面板，展开"不透明度"选项，将"不透明度"选项设置为 0.0%，如图 7-29 所示，记录第 1 个动画关键帧。将时间标签放置在 04:00s 的位置，将"不透明度"选项设置为 100.0%，如图 7-30 所示，记录第 2 个动画关键帧。用相同的方法添加其他文本，效果如图 7-31 所示。音乐节宣传广告制作完成。

图 7-29　　　　　　　　　　　图 7-30　　　　　　　　　　　图 7-31

7.1.2　创建传统字幕

创建水平或垂直传统字幕的具体操作步骤如下。

STEP 1　选择"文件 > 新建 > 旧版标题"命令，弹出"新建字幕"对话框，如图 7-32 所示，单击"确定"按钮，弹出"字幕"编辑面板，如图 7-33 所示。

图 7-32　　　　　　　　　　　　　　　　图 7-33

STEP 2　单击左上角的 ☰ 按钮，在弹出的菜单中选择"工具"命令，如图 7-34 所示，弹出"旧版标题工具"面板，如图 7-35 所示。

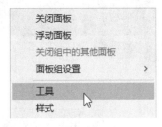

图 7-34　　　　　　　　　　　　　　　图 7-35

STEP 3　选择"旧版标题工具"中的"文字"工具 **T**，在"字幕"编辑面板中单击并输入需要的文字，如图 7-36 所示。单击左上角的 ☰ 按钮，在弹出的菜单中选择"样式"命令，弹出"旧版标题样式"面板，如图 7-37 所示。

图 7-36

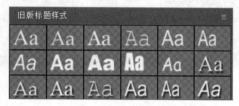

图 7-37

STEP 4 在"旧版标题样式"面板中选择需要的字幕样式，如图 7-38 所示，"字幕"编辑面板中的文字效果如图 7-39 所示。

图 7-38

图 7-39

STEP 5 在"字幕"编辑面板上方的属性栏中设置字体、字体大小和字偶间距，"字幕"编辑面板中的文字效果如图 7-40 所示。选择"旧版标题工具"面板中的"垂直文字"工具，在"字幕"编辑面板中单击并输入需要的文字，然后设置字幕样式和属性，效果如图 7-41 所示。

图 7-40

图 7-41

7.1.3　创建图形字幕

创建水平或垂直图形字幕的具体操作步骤如下。

STEP 1 选择"工具"面板中的"文字"工具 **T**，在"节目"监视器面板中单击并输入需要的文字，如图 7-42 所示。在"时间轴"面板的"视频 2"轨道中生成"花艺制作"图形文件，如图 7-43 所示。

图 7-42

图 7-43

STEP 2 选择"节目"监视器面板中输入的文字，如图 7-44 所示。选择"窗口 > 基本图形"命令，弹出"基本图形"面板，在"外观"栏中将"填充"选项设置为暗红色（171、31、56），"文本"栏中的设置如图 7-45 所示。

图 7-44

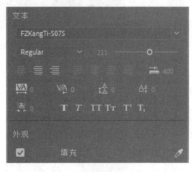

图 7-45

STEP 3 在"基本图形"面板的"对齐并变换"栏中的设置如图 7-46 所示，"节目"监视器面板中的效果如图 7-47 所示。

STEP 4 选择"工具"面板中的"垂直文字"工具 **IT**，在"节目"监视器面板中输入文字，并在"基本图形"面板中设置属性，效果如图 7-48 所示。

图 7-46

图 7-47   图 7-48

7.1.4 创建开放式字幕

创建开放式字幕的具体操作步骤如下。

STEP 1 选择"文件 > 新建 > 字幕"命令，弹出"新建字幕"对话框，设置图 7-49 所示参数，单击"确定"按钮，在"项目"面板中生成"开放式字幕"文件，如图 7-50 所示。

图 7-49   图 7-50

STEP 2 双击"项目"面板中的"开放式字幕"文件，弹出"字幕"编辑面板，如图 7-51 所示。在面板右下角输入字幕文字，并在上方的属性设置栏中设置文字字体、大小、文本颜色、背景不透明度和字幕块位置，如图 7-52 所示。

图 7-51

图 7-52

STEP 3 在"字幕"编辑面板下方单击 ▇▇▇▇ 按钮，添加字幕，如图 7-53 所示。在面板右下角输入字幕，并在上方的属性设置栏中设置文字大小、文本颜色、背景不透明度和字幕块位置，如图 7-54 所示。

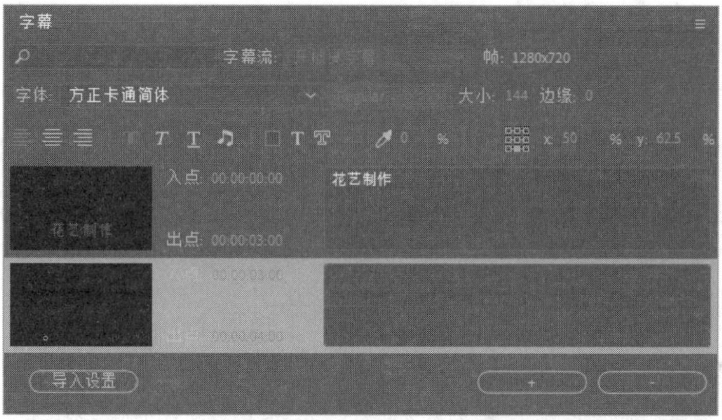

图 7-53

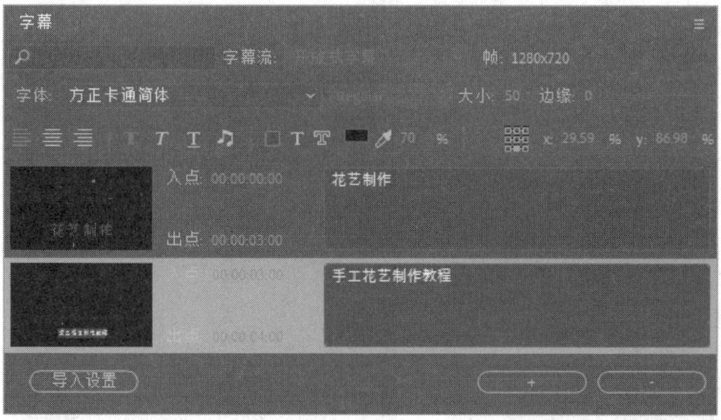

图 7-54

STEP 4 在"项目"面板中，选中"开放式字幕"文件并将其拖曳到"时间轴"面板的"视频 2"轨道中，如图 7-55 所示。将鼠标指针放在"开放式字幕"文件的结束位置，当鼠标指针呈 ◄ 时，向右拖曳指针到"01"文件的结束位置，如图 7-56 所示，"节目"监视器面板中的效果如图 7-57 所示。将时间标签放置在 03:00s 的位置上，"节目"监视器面板中的效果如图 7-58 所示。

图 7-55　　　　　　　　　　　　　　　　　　　　图 7-56

图 7-57　　　　　　　　　　　　　　　　　　　　图 7-58

7.1.5　创建路径字幕

创建水平或垂直路径文字的具体操作步骤如下。

STEP 1　选择"文件 > 新建 > 旧版标题"命令，弹出"新建字幕"对话框，如图 7-59 所示，单击"确定"按钮，弹出"字幕"编辑面板，如图 7-60 所示。

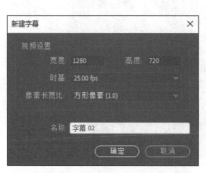

图 7-59　　　　　　　　　　　　　　　　　　　　图 7-60

STEP 2　单击"字幕"编辑面板左上角的 ≡ 按钮，在弹出的菜单中选择"工具"命令，如图 7-61

所示，弹出"旧版标题工具"面板，如图 7-62 所示。

图 7-61

图 7-62

STEP 3 选择"旧版标题工具"中的"路径文字"工具 ，在"字幕"编辑面板中拖曳鼠标绘制路径，如图 7-63 所示。选择"路径文字"工具 ，在路径上单击插入光标，输入需要的文字，如图 7-64 所示。

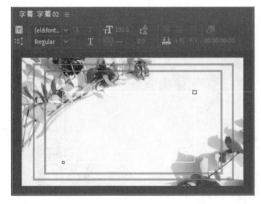

图 7-63

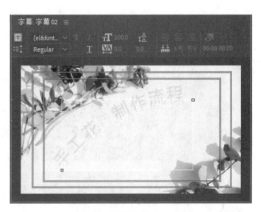

图 7-64

STEP 4 单击"字幕"编辑面板左上角的 按钮，在弹出的菜单中选择"属性"命令，如图 7-65 所示，弹出"旧版标题属性"面板，展开"填充"栏，将"颜色"选项设置为暗红色（171、31、56）；展开"属性"栏，选项的设置如图 7-66 所示，"字幕"编辑面板中的效果如图 7-67 所示。用相同的方法制作垂直路径文字，"字幕"编辑面板中的效果如图 7-68 所示。

图 7-65

图 7-66

图 7-67   图 7-68

7.1.6 创建段落字幕

STEP 1 选择"文件 > 新建 > 旧版标题"命令，弹出"新建字幕"对话框，如图 7-69 所示，单击"确定"按钮，弹出"字幕"编辑面板。选择"旧版标题工具"中的"文字"工具 **T**，在"字幕"编辑面板中拖曳鼠标，建立文本框，如图 7-70 所示。

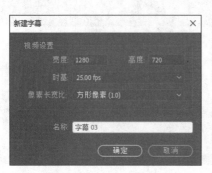
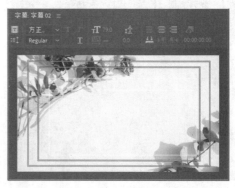

图 7-69   图 7-70

STEP 2 在"字幕"编辑面板中输入需要的段落文字，如图 7-71 所示。在"旧版标题属性"面板中，展开"填充"栏，将"颜色"选项设置为暗红色（171、31、56）；展开"属性"栏，选项的设置如图 7-72 所示，"字幕"编辑面板中的效果如图 7-73 所示。用相同的方法制作垂直段落文字，"字幕"编辑面板中的效果如图 7-74 所示。

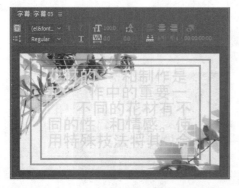

图 7-71   图 7-72

图 7-73

图 7-74

STEP 3 选择"工具"面板中的"文字"工具 **T**，直接在"节目"监视器面板中拖曳鼠标，建立文本框并输入文字，在"基本图形"面板中编辑文字，效果如图 7-75 所示。用相同的方法输入垂直段落文字，效果如图 7-76 所示。

图 7-75

图 7-76

7.2 编辑与修饰字幕

字幕创建完成后，还需要对字幕进行相应的编辑和修饰，下面进行详细介绍。

7.2.1 课堂案例——化妆品宣传广告

案例学习目标

学习输入并编辑字幕文字。

案例知识要点

使用"导入"命令导入素材文件，使用"字幕"命令创建字幕，使用"球面化"特效制作文字动画效果。化妆品宣传广告效果如图 7-77 所示。

图 7-77

化妆品宣传广告

🔍 **效果所在位置**

资源包/Ch07/化妆品宣传广告/化妆品宣传广告.prproj。

1. 导入素材并创建字幕

STEP☆1 启动 Premiere Pro CC 2019 软件，选择"文件 ＞ 新建 ＞ 项目"命令，弹出"新建项目"对话框，如图 7-78 所示，单击"确定"按钮，新建项目。选择"文件 ＞ 新建 ＞ 序列"命令，弹出"新建序列"对话框，单击"设置"选项卡，设置图 7-79 所示参数，单击"确定"按钮，新建序列。

图 7-78

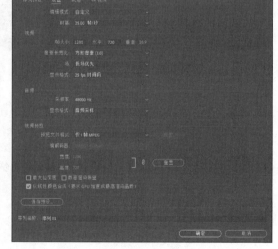

图 7-79

STEP☆2 选择"文件 ＞ 导入"命令，弹出"导入"对话框，选择资源包中的"Ch07/化妆品宣传广告/素材"路径下的"01"和"02"文件，如图 7-80 所示，单击"打开"按钮，将素材文件导入"项目"面板中，如图 7-81 所示。

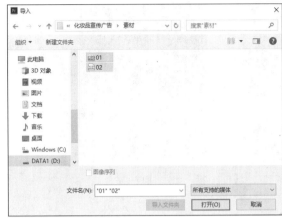

图 7-80　　　　　　　　　　　　　　　　　图 7-81

STEP 3 在"项目"面板中，选中"02"文件并将其拖曳到"时间轴"面板的"视频 1"轨道中，
弹出"剪辑不匹配警告"对话框，如图 7-82 所示，单击"保持现有设置"按钮，在保持现有序列设置的
情况下将"02"文件放置在"视频 1"轨道中，如图 7-83 所示。

图 7-82　　　　　　　　　　　　　　　　　图 7-83

STEP 4 将时间标签放置在 05:00s 的位置。将鼠标指针放在"02"文件的结束位置并单击，显
示编辑点。按 E 键，将所选编辑点扩展到时间标签的位置上，如图 7-84 所示。在"项目"面板中，选中
"01"文件并将其拖曳到"时间轴"面板的"视频 2"轨道中，如图 7-85 所示。

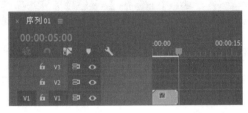

图 7-84　　　　　　　　　　　　　　　　　图 7-85

STEP 5 将时间标签放置在 00:00s 的位置，选择"时间轴"面板中的"02"文件。选择"效果
控件"面板，展开"运动"选项，将"缩放"选项设置为 67.0，如图 7-86 所示。选中"时间轴"面板中
的"01"文件，选择"效果控件"面板，展开"运动"选项，将"位置"选项设置为 960.0 和 377.0，"缩
放"选项设置为 59.0，如图 7-87 所示。

图 7-86

图 7-87

STEP 6 选择"文件 > 新建 > 旧版标题"命令，弹出"新建字幕"对话框，如图 7-88 所示，单击"确定"按钮，弹出"字幕"编辑面板。单击左上角的 ▤ 按钮，在弹出的菜单中选择"工具""样式""动作""属性"命令，弹出"旧版字幕编辑"面板。

STEP 7 选择"旧版标题工具"中的"文字"工具 **T**，在"字幕"编辑面板中单击并输入需要的文字，在"旧版标题属性"子面板中选择需要的字体并填充为绿色（27、89、0），如图 7-89 所示。关闭"字幕"编辑面板，新建的字幕文件自动保存到了"项目"面板中。

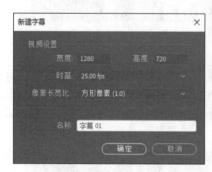

图 7-88

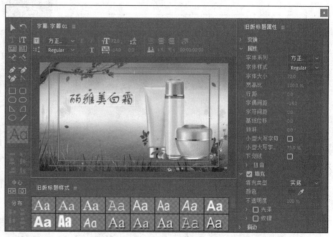

图 7-89

STEP 8 选择"文件 > 新建 > 旧版标题"命令，弹出"新建字幕"对话框，单击"确定"按钮，弹出"字幕"编辑面板。单击左上角的 ▤ 按钮，在弹出的菜单中选择"工具""样式""动作""属性"命令，弹出"旧版字幕编辑"面板。

STEP 9 选择"旧版标题工具"中的"路径文字"工具 ，在"字幕"编辑面板中拖曳光标绘制路径，如图 7-90 所示。选择"路径文字"工具 ，在路径上单击插入光标，输入需要的文字，在"旧版标题属性"子面板中选择需要的字体并填充为绿色（27、89、0），如图 7-91 所示。关闭"字幕"编辑面板，新建的字幕文件自动保存到了"项目"面板中，如图 7-92 所示。用相同的方法创建其他字幕，如图 7-93 所示。

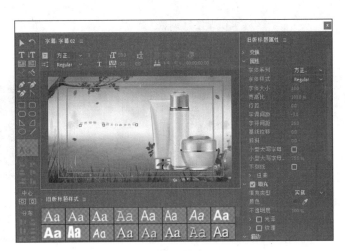

图 7-90   图 7-91

图 7-92   图 7-93

2. 制作文字动画

STEP 1 在"项目"面板中，选中"字幕 01"文件并将其拖曳到"时间轴"面板的"视频 3"轨道中，如图 7-94 所示。在"节目"监视器面板中预览效果，如图 7-95 所示。

图 7-94   图 7-95

STEP 2 选择"窗口 > 效果"命令，弹出"效果"面板，展开"视频效果"分类选项，单击"扭曲"文件夹前面的三角形按钮 ▶ 将其展开，选中"球面化"特效，如图 7-96 所示。将"球面化"特效拖曳到"时间轴"面板"视频 3"轨道中的"字幕 01"文件上，如图 7-97 所示。

图 7-96

图 7-97

STEP 3 选择"效果控件"面板，展开"球面化"特效，将"球面中心"选项设置为 177.8 和 360.0，分别单击"半径"和"球面中心"选项左侧的"切换动画"按钮，如图 7-98 所示，记录第 1 个动画关键帧。将时间标签放置在 01:00s 的位置，在"效果控件"面板中，将"半径"选项设置为 250.0，"球面中心"选项设置为 266.7,和 360.0，如图 7-99 所示，记录第 2 个动画关键帧。

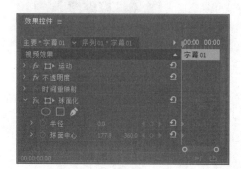

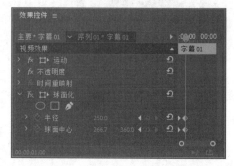

图 7-98

图 7-99

STEP 4 将时间标签放置在 02:00s 的位置，在"效果控件"面板中，将"球面中心"选项设置为 888.9 和 360.0，单击"半径"选项右侧的"添加/移除关键帧"按钮，如图 7-100 所示，记录第 3 个动画关键帧。将时间标签放置在 03:00s 的位置，在"效果控件"面板中，将"半径"选项设置为 0.0，"球面中心"选项设置为 1066.7 和 360.0，如图 7-101 所示，记录第 4 个动画关键帧。

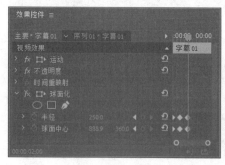

图 7-100

图 7-101

STEP 5 选择"序列 > 添加轨道"命令，在弹出的"添加轨道"对话框中进行设置，如图 7-102 所示，单击"确定"按钮，在"时间轴"面板中添加 3 条视频轨道。

STEP 6 将时间标签放置在 0s 的位置，在"项目"面板中，选中"字幕 02"文件并将其拖曳到

"时间轴"面板的"视频 4"轨道中,如图 7-103 所示。

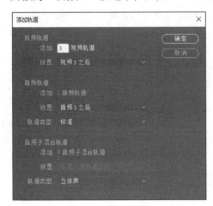

图 7-102

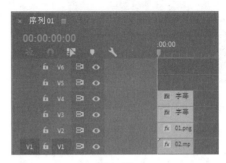

图 7-103

STEP 7 在"项目"面板中,选中"字幕 03"和"字幕 04"文件并分别将其拖曳到"时间轴"面板的"视频 5"轨道和"视频 6"轨道中,如图 7-104 所示。化妆品宣传广告制作完成,效果如图 7-105 所示。

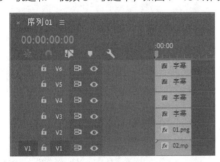

图 7-104

图 7-105

7.2.2　编辑字幕

1. 编辑传统字幕

STEP 1 在"字幕"编辑面板中输入文字并设置其属性,如图 7-106 所示。选中"选择"工具,选取文字,将鼠标指针移动至矩形框内,单击鼠标并按住左键不放进行拖曳,可移动文字对象,效果如图 7-107所示。

图 7-106

图 7-107

STEP 2 将鼠标指针移至矩形框的任意一个点，当鼠标指针呈 ↗、↔ 或 ↘ 时，单击并按住鼠标右键拖曳，可缩放文字对象，效果如图 7-108 所示。将鼠标指针移至矩形框的任意一点外侧，当鼠标指针呈 ↷、↶ 或 ↻ 时，单击并按住鼠标右键拖曳，可旋转文字对象，效果如图 7-109 所示。

图 7-108   图 7-109

2. 编辑图形字幕

STEP 1 在"节目"监视器面板中输入文字，设置属性后，效果如图 7-110 所示。选中"选择"工具 ▶，选取文字，将鼠标指针移动至矩形框内，单击鼠标并按住左键不放进行拖曳，可移动文字对象，效果如图 7-111 所示。

图 7-110   图 7-111

STEP 2 将鼠标指针移至矩形框的任意一个点，当鼠标指针呈 ↗、↔ 或 ↘ 时，单击并按住鼠标右键拖曳，可缩放文字对象，效果如图 7-112 所示。将鼠标指针移至矩形框的任意一点外侧，当鼠标指针呈 ↷、↶ 或 ↻ 时，单击并按住鼠标右键拖曳，可旋转文字对象，效果如图 7-113 所示。

STEP 3 将鼠标指针移至矩形框的锚点 ⊕ 处，当鼠标指针呈 ▶ 时，单击并按住鼠标左键将其拖曳到适当的位置，如图 7-114 所示。将鼠标指针移至矩形框的任意一点外侧，当鼠标指针呈 ↷、↶ 或 ↻ 时，单击并按住鼠标右键拖曳，可以以锚点为中心旋转文字对象，效果如图 7-115 所示。

图 7-112   图 7-113

图 7-114   图 7-115

3. 编辑开放式字幕

STEP 1 在"节目"监视器面板中预览开放式字幕，效果如图 7-116 所示。在"项目"面板中双击"开放式字幕"文件，打开"字幕"编辑面板，设置字幕块位置为上方居中的位置，如图 7-117 所示。

图 7-116   图 7-117

STEP 2 在"节目"监视器面板中预览效果，如图 7-118 所示。在"字幕"编辑面板右侧设置水平和垂直位置，在"节目"监视器面板中预览效果，如图 7-119 所示。

图 7-118   图 7-119

7.2.3　设置字幕属性

在 Premiere Pro CC 2019 中，用户可以非常方便地对字幕进行修饰，包括调整其位置、不透明度、文字的字体、字体大小、颜色和为文字添加阴影等。

1. 在"旧版标题属性"面板中编辑传统字幕属性

在"旧版标题属性"面板的"变换"栏中可以对字幕文字或图形的不透明度、位置、宽度、高度以及旋转等属性进行操作，如图 7-120 所示。"属性"栏中可以对字幕文字的字体、字体大小、外观以及字距、扭曲等一些基本属性进行设置，如图 7-121 所示。

图 7-120   图 7-121

"填充"栏主要用于设置字幕文字或者图形的填充类型、颜色和不透明度等属性，如图 7-122 所示。"描边"栏主要用于设置文字或者图形的描边效果，可以设置内描边和外描边，如图 7-123 所示。

图 7-122   图 7-123

"阴影"栏用于添加阴影效果，如图 7-124 所示。"背景"栏用于设置字幕背景的填充类型、颜色和不透明度等属性，如图 7-125 所示。

图 7-124   图 7-125

2. 在"效果控件"面板中编辑图形字幕属性

在"效果控件"面板中展开"文本"选项，展开"源文本"栏可以设置文字的字体、字体样式、字体大小、字距和行距等选项。"外观"栏可以设置填充、描边及阴影等选项，如图 7-126 所示。"变换"栏可以设置位置、水平缩放、旋转、不透明度、锚点等选项，如图 7-127 所示。

图 7-126   图 7-127

3. 在"基本图形"面板中编辑图形字幕属性

"基本图形"面板中，最上方是文字图层和响应设置，如图 7-128 所示；"对齐并变换"栏用于设置图形的对齐、位置、旋转及比例等选项；"主样式"栏用于设置图形对象的主样式，如图 7-129 所示；"文本"栏用于设置文字的字体、字体样式、字体大小、字距和行距等选项；"外观"栏用于设置填充、描边及阴影等选项，如图 7-130 所示。

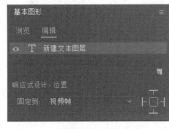

图 7-128   图 7-129   图 7-130

4．在"字幕"编辑面板中编辑开放式字幕属性

"字幕"编辑面板的最上方包含筛选字幕内容、选择字幕流及帧数显示选项。中间部分为字幕属性设置区，可以设置字体、大小、边缘、对齐、颜色和字幕块位置等选项。下方为显示字幕、设置入点和出点及输入字幕文本等选项。最下方为导入设置、添加字幕及删除字幕按钮，如图 7-131 所示。

图 7-131

7.3 创建运动字幕

7.3.1 制作垂直滚动字幕

制作垂直滚动字幕的具体操作步骤如下。

1．在"字幕"编辑面板中制作垂直滚动字幕

STEP 1 启动 Premiere Pro CC 2019 软件，在"项目"面板中导入素材并将其添加到"时间轴"面板中的视频轨道上。

STEP 2 选择"文件 > 新建 > 旧版标题"命令，弹出"新建字幕"对话框，单击"确定"按钮。

STEP 3 选择"旧版标题工具"面板中的"文字"工具 **T**，在"字幕"编辑面板中拖曳鼠标，建立文本框，输入需要的文字并对属性进行相应的设置，如图 7-132 所示。

STEP 4 在"字幕"编辑面板中单击"滚动/游动选项"按钮，在弹出的对话框中选中"滚动"单选项，在"定时（帧）"栏中勾选"开始于屏幕外"和"结束于屏幕外"复选框，其他参数的设置如图 7-133 所示，单击"确定"按钮。

图 7-132

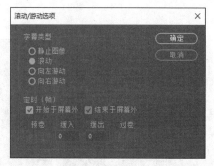

图 7-133

STEP 5 制作的字幕会自动保存在"项目"面板中。从"项目"面板中将新建的字幕添加到"时间轴"面板的"视频 2"轨道上,并将其调整为与轨道 1 中的素材等长,如图 7-134 所示。

图 7-134

STEP 6 单击"节目"监视器面板下方的"播放/停止切换"按钮 ▶/■,即可预览字幕的垂直滚动效果,如图 7-135 和图 7-136 所示。

图 7-135

图 7-136

2. 在"基本图形"面板中制作垂直滚动字幕

在"基本图形"面板中取消文字图层的选中状态,如图 7-137 所示。勾选"滚动"复选框,在弹出的选项中设置滚动选项,可以制作垂直滚动字幕,如图 7-138 所示。

图 7-137

图 7-138

7.3.2　制作横向游动字幕

制作横向滚动字幕与制作垂直滚动字幕的操作基本相同,其具体操作步骤如下。

STEP 1 启动 Premiere Pro CC 2019 软件,在"项目"面板中导入素材并将其添加到"时间轴"面板中的视频轨道上。

STEP 2 选择"文件 > 新建 > 旧版标题"命令,弹出"新建字幕"对话框,单击"确定"按钮。

STEP 3 选择"旧版标题工具"中的"文字"工具 **T**,在"字幕"编辑面板中单击并输入需要的文字,然后设置字幕样式和属性,如图 7-139 所示。

STEP 4 单击"字幕"编辑面板左上方的"滚动/游动选项"按钮,在弹出的对话框中选中"向左游动"单选项,如图 7-140 所示,单击"确定"按钮。

图 7-139   图 7-140

STEP 5 制作的字幕会自动保存在"项目"面板中。从"项目"面板中将新建的字幕添加到"时间轴"面板的"视频 2"轨道上，如图 7-141 所示。选择"效果"面板，展开"视频效果"特效分类选项，单击"键控"文件夹前面的三角形按钮 将其展开，选中"轨道遮罩键"特效，如图 7-142 所示。

STEP 6 将"轨道遮罩键"特效拖曳到"时间轴"面板"视频 1"轨道中的"03"文件上。选择"效果控件"面板，展开"轨道遮罩键"选项，设置如图 7-143 所示。

图 7-141   图 7-142   图 7-143

STEP 7 单击"节目"监视器面板下方的"播放/停止切换"按钮 ，即可预览字幕的横向游动效果，如图 7-144 和图 7-145 所示。

图 7-144   图 7-145

7.4 课堂练习——特惠促销宣传片头

练习知识要点

使用"导入"命令导入素材图片，使用"基本图形"面板添加文本，使用"效果控件"面板编辑文字，使用"效果"和"效果控件"面板添加并编辑转场特效。特惠促销宣传片头效果如图 7-146 所示。

图 7-146

特惠促销宣传片头

效果所在位置

资源包/Ch07/特惠促销宣传片头/特惠促销宣传片头.prproj。

7.5　课后习题——夏季女装上新广告

习题知识要点

　　使用"导入"命令导入素材图片，使用"旧版标题"命令创建字幕，使用"字幕"编辑面板添加文字并制作运动字幕，使用"旧版标题属性"面板编辑字幕，使用"效果控件"面板调整影视文件的位置和缩放。夏季女装上新广告效果如图 7-147 所示。

图 7-147

夏季女装上新广告

效果所在位置

资源包/Ch07/夏季女装上新广告/夏季女装上新广告.prproj。

Chapter

8

第 8 章
加入音频效果

本章讲解音频及音频特效的应用与编辑，重点讲解设置"音轨混合器"面板、制作录音效果及添加音频特效等操作。通过对本章内容的学习，读者可以掌握 Premiere 的声音特效制作。

课堂学习目标

- 了解音频效果

- 掌握调节和合成音频的技巧

- 了解分离和链接视音频的方法

- 掌握添加音频特效的方法

8.1 关于音频效果

Premiere Pro CC 2019 的音频功能十分强大，用户不仅可以编辑音频素材、添加音效、单声道混音、制作立体声和 5.1 环绕声，还可以使用时间轴面板进行音频的合成工作。

Premiere Pro CC 2019 可以使用户便捷地处理音频，同时软件中还提供了一些处理方法，如声音的摇摆和声音的渐变等。

在 Premiere Pro CC 2019 中对音频素材进行处理的方法主要有以下 3 种。

（1）在"时间轴"面板的音频轨道上通过修改关键帧的方式对音频素材进行操作，如图 8-1 所示。

（2）使用菜单命令中相应的命令来编辑所选的音频素材，如图 8-2 所示。

图 8-1

图 8-2

（3）在"效果"面板中为音频素材添加"音频效果"来改变音频素材的效果，如图 8-3 所示。

选择"编辑 > 首选项 > 音频"命令，弹出"首选项"对话框，可以对音频素材属性的使用进行初始设置，如图 8-4 所示。

图 8-3

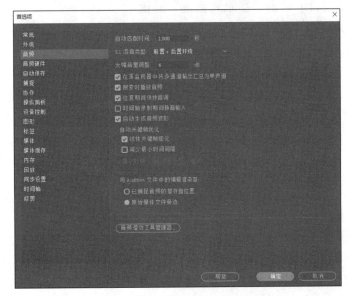

图 8-4

8.2 使用"音轨混合器"调节音频

Premiere Pro CC 2019 大大加强了其处理音频的能力，功能更加专业化。用户可以在"音轨混合器"面板中更加有效地调节节目的音频，如图 8-5 所示。

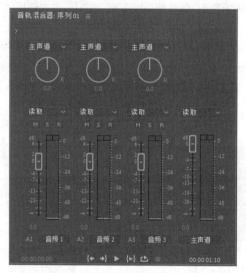

图 8-5

"音轨混合器"面板可以实时混合"时间轴"面板中各轨道的音频对象。用户可以在"音轨混合器"面板中选择相应的音频控制器进行调节，该控制器将调节其在"时间轴"面板中对应的音频对象。

8.2.1 认识"音轨混合器"面板

"音轨混合器"由若干个轨道音频控制器、主音频控制器和播放控制器组成，每个控制器使用控制按钮和调节滑竿调节音频。

1. 轨道音频控制器

"音轨混合器"中的轨道音频控制器用于调节其相应轨道上的音频对象，控制器 1 对应"音频 1"、控制器 2 对应"音频 2"，以此类推。轨道音频控制器的数目由"时间轴"面板中的音频轨道数目决定，当在"时间轴"面板中添加音频时，"音轨混合器"面板中将自动添加一个轨道音频控制器与其对应。

轨道音频控制器由控制按钮、声音调节滑轮及音量调节滑块组成。

（1）控制按钮。轨道音频控制器中的控制按钮可以设置音频调节时的调节状态，如图 8-6 所示。

单击"静音轨道"按钮 M ，该轨道音频被设置为静音状态。

单击"独奏轨道"按钮 S ，其他未选中独奏按钮的轨道音频会被自动设置为静音状态。

激活"启用轨道以进行录制"按钮 R ，可以利用输入设备将声音录制到目标轨道上。

（2）声音调节滑轮。如果对象为双声道音频，可以使用声道调节滑轮调节播放声道。向左拖曳滑轮，输出到左声道（L），可以增加音量；向右拖曳滑轮，输出到右声道（R），可以使音量增大，声道调节滑轮如图 8-7 所示。

图 8-6　　　　　　　　　　　　　　　　　　图 8-7

（3）音量调节滑块。通过音量调节滑块可以控制当前轨道音频对象的音量，Premiere Pro CC 2019 以分贝数显示音量。向上拖曳滑块，可以增加音量；向下拖曳滑块，可以减小音量。下方数值栏中显示当前音量，用户也可直接在数值栏中输入声音分贝数。播放音频时，面板左侧为音量表，显示音频播放时的音量大小；音量表顶部的小方块用于显示系统所能处理的音量极限，当方块显示为红色时，表示该音频量超过极限，音量过大。音量调节滑块如图 8-8 所示。

音量调节滑块 ——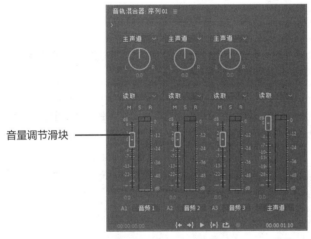

图 8-8

2. 主音频控制器

使用主音频控制器可以调节"时间轴"面板中所有轨道上的音频对象。主音频控制器的使用方法与轨道音频控制器相同。

3. 播放控制器

图 8-9

播放控制器用于音频播放，使用方法与"监视器"面板中的播放控制栏相同，如图 8-9 所示。

8.2.2　设置"音轨混合器"面板

单击"音轨混合器"面板左上方的 ≡ 按钮，在弹出的快捷菜单中对面板进行相关设置，如图 8-10 所示。

快捷菜单中主要的选项说明如下。

"显示/隐藏轨道"：该命令用于对"音轨混合器"面板中的轨道进行隐藏或显示设置。选择该命令，在弹出的图 8-11 所示的对话框中会显示左侧的 ✔ 图标的轨道。

"显示音频时间单位"：该命令用于在时间标尺上以音频单位进行显示。

"循环"：该命令在被选定的情况下，系统会循环播放音乐。

图 8-10　　　　　　　　　　　　　　　图 8-11

8.3 调节音频

　　"时间轴"面板的每个音频轨道上都有音频淡化控制，用户可通过音频淡化器调节音频素材的电平。音频淡化器初始状态为中低音量，相当于录音机表中的 0dB。

　　可以调节整个音频素材增益，同时保持为素材调制的电平稳定不变。

　　在 Premiere Pro CC 2019 中，用户可以通过"淡化器调节"工具或者"音轨混合器"调制音频电平。在 Premiere Pro CC 2019 中，对音频的调节分为"素材"调节和"轨道"调节。素材调节时，音频的改变仅对当前的音频素材有效，删除素材后，调节效果就消失了；而轨道调节仅针对当前音频轨道进行调节，所有在当前音频轨道上的音频素材都会在调节范围内受到影响。使用实时记录时，则只能针对音频轨道进行调节。

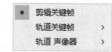

　　在"音频轨道控制"面板左侧单击 按钮，在弹出的列表中选择音频轨道的显示内容，如图 8-12 所示。

图 8-12

8.3.1　课堂案例——休闲生活赏析

🔍 **案例学习目标**

学习编辑音频制作淡入淡出效果。

🔍 **案例知识要点**

　　使用"导入"命令导入素材文件，使用"效果控件"面板调整音频的淡入淡出效果。休闲生活赏析效果如图 8-13 所示。

休闲生活赏析

图 8-13

🔍 **效果所在位置**

资源包/Ch08/休闲生活赏析/休闲生活赏析.prproj。

STEP 1 启动 Premiere Pro CC 2019 软件，选择"文件 > 新建 > 项目"命令，弹出"新建项目"对话框，如图 8-14 所示，单击"确定"按钮，新建项目。选择"文件 > 新建 > 序列"命令，弹出"新建序列"对话框，单击"设置"选项卡，设置图 8-15 所示参数，单击"确定"按钮，新建序列。

图 8-14

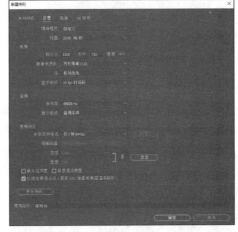

图 8-15

STEP 2 选择"文件 > 导入"命令，弹出"导入"对话框，选择资源包中的"Ch08/休闲生活赏析/素材"路径下的"01"和"02"文件，如图 8-16 所示，单击"打开"按钮，将素材文件导入"项目"面板中，如图 8-17 所示。

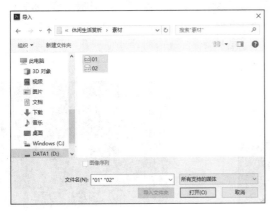

图 8-16

图 8-17

STEP 3 在"项目"面板中，选中"01"文件并将其拖曳到"时间轴"面板的"视频 1"轨道中，在弹出的"剪辑不匹配警告"对话框中单击"保持现有设置"按钮，在保持现有序列设置的情况下将"01"文件放置在"视频 1"轨道中，如图 8-18 所示。选中"时间轴"面板中的"01"文件，选择"效果控件"面板，展开"运动"选项，将"缩放"选项设置为 67.0，如图 8-19 所示。

图 8-18

图 8-19

STEP 4 在"项目"面板中，选中"02"文件并将其拖曳到"时间轴"面板的"音频 1"轨道中，如图 8-20 所示。将鼠标指针放在"02"文件的结束位置，当鼠标指针呈 时，向左拖曳指针到"01"文件的结束位置，如图 8-21 所示。

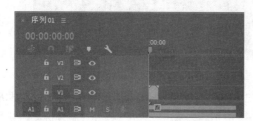

图 8-20

图 8-21

STEP 5 选择"时间轴"面板中的"02"文件，如图 8-22 所示。将时间标签放置在 01:24s 的位置，选择"效果控件"面板，展开"音量"选项，将"级别"选项设置为-2.9dB，单击选项左侧的"切换动画"按钮 ，如图 8-23 所示，记录第 1 个动画关键帧。

图 8-22

图 8-23

STEP 6 将时间标签放置在 09:07s 的位置，在"效果控件"面板中，将"级别"选项设置为 2.6dB，如图 8-24 所示，记录第 2 个动画关键帧。将时间标签放置在 13:16s 的位置，在"效果控件"面板中，将"级别"选项设置为-3.3dB，如图 8-25 所示，记录第 3 个动画关键帧。休闲生活赏析制作完成，效果如图 8-26 所示。

图 8-24

图 8-25

图 8-26

8.3.2 使用淡化器调节音频

STEP 1 在默认情况下，音频轨道面板卷展栏关闭，如图 8-27 所示。双击轨道左侧的空白处，展开轨道，如图 8-28 所示。

图 8-27

图 8-28

STEP 2 选择"钢笔"工具 或"选择"工具 ，拖曳音频素材（或轨道）上的白线即可调整音量，如图 8-29 所示。

STEP 3 按住 Ctrl 键的同时，将鼠标指针移动到音频淡化器上，指针将变为带有加号的箭头，单击添加关键帧，如图 8-30 所示。

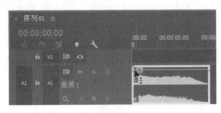
图 8-29

图 8-30

STEP 4 用户也可以根据需要添加多个关键帧。单击并按住鼠标上下拖曳关键帧，关键帧之间的直线指示音频素材是淡入或者淡出：一条递增的直线表示音频淡入，另一条递减的直线表示音频淡出，如图 8-31 所示。

图 8-31

8.3.3 实时调节音频

使用 Premiere Pro CC 2019 的"音轨混合器"面板调节音量非常方便，用户可以在播放音频时实时进行音量调节。使用音轨混合器调节音频的方法如下。

STEP 1 在"时间轴"面板中的轨道控制面板左侧单击 ◯ 按钮，在弹出的列表中选择"轨道关键帧 > 音量"选项。

STEP 2 在"音轨混合器"面板上方需要进行调节的轨道上单击"读取"下拉列表框，如图8-32所示。

STEP 3 单击"播放/停止切换"按钮 ▶/■，"时间轴"面板中的音频素材开始播放。拖曳音量控制滑竿进行调节，调节完成后，系统自动记录结果，如图8-33所示。

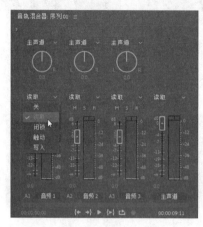
图 8-32

图 8-33

8.4 使用"时间轴"面板合成音频

将所需要的音频导入"项目"面板后，接下来就可以对音频素材进行编辑，本节讲解对音频素材的编辑处理和各种操作方法。

8.4.1 课堂案例——时尚音乐宣传片

⊕ 案例学习目标

学习编辑音频调整声道、速度与音调的方法。

⊕ 案例知识要点

使用"导入"命令导入素材文件，使用"效果控件"面板调整影视对象的缩放，使用"速度/持续时间"命令调整音频，使用"平衡"特效调整音频的左右声道。时尚音乐宣传片效果如图8-34所示。

图 8-34

时尚音乐宣传片

🔍⁺ 效果所在位置

资源包/Ch08/时尚音乐宣传片/时尚音乐宣传片.prproj。

STEP 1 启动 Premiere Pro CC 2019 软件，选择"文件 > 新建 > 项目"命令，弹出"新建项目"对话框，如图 8-35 所示，单击"确定"按钮，新建项目。选择"文件 > 新建 > 序列"命令，弹出"新建序列"对话框，单击"设置"选项卡，设置图 8-36 所示参数，单击"确定"按钮，新建序列。

图 8-35

图 8-36

STEP 2 选择"文件 > 导入"命令，弹出"导入"对话框，选择资源包中的"Ch08/时尚音乐宣传片/素材"路径下的"01"～"04"文件，如图 8-37 所示，单击"打开"按钮，将素材文件导入"项目"面板中，如图 8-38 所示。

图 8-37

图 8-38

STEP 3 在"项目"面板中，选中"01"文件并将其拖曳到"时间轴"面板中的"视频 1"轨道中，在弹出的"剪辑不匹配警告"对话框中单击"保持现有设置"按钮，在保持现有序列设置的情况下将"01"文件放置在"视频 1"轨道中，如图 8-39 所示。将时间标签放置在 15:00s 的位置，将鼠标指针放在"01"文件的结束位置，当鼠标指针呈 ◄| 时，向左拖曳指针到 15:00s 的位置，如图 8-40 所示。

图 8-39　　　　　　　　　　　　　　图 8-40

STEP 4 选择"时间轴"面板中的"01"文件，如图 8-41 所示。选择"效果控件"面板，展开"运动"选项，将"缩放"选项设置为 67.0，如图 8-42 所示。

图 8-41　　　　　　　　　　　　　　图 8-42

STEP 5 在"项目"面板中，选中"02"文件并将其拖曳到"时间轴"面板的"视频 1"轨道中，如图 8-43 所示。选中"时间轴"面板中的"02"文件，选择"效果控件"面板，展开"运动"选项，将"缩放"选项设置为 67.0，如图 8-44 所示。

图 8-43　　　　　　　　　　　　　　图 8-44

STEP 6 在"项目"面板中，选中"03"文件并将其拖曳到"时间轴"面板的"音频 1"轨道中，如图 8-45 所示。选择"时间轴"面板中的"03"文件。

STEP 7 选择"剪辑 > 速度/持续时间"命令，在弹出的"剪辑速度/持续时间"对话框中进行设置，如图 8-46 所示，单击"确定"按钮，效果如图 8-47 所示。将鼠标指针放在"03"文件的结束位置，当鼠标指针呈 时，向左拖曳指针到"02"文件的结束位置，如图 8-48 所示。

图 8-45

图 8-46

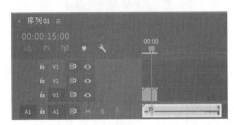

图 8-47

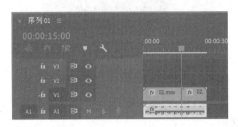

图 8-48

STEP **8** 在"项目"面板中，选中"04"文件并将其拖曳到"时间轴"面板的"音频 2"轨道中，如图 8-49 所示。将鼠标指针放在"04"文件的结束位置，当鼠标指针呈 时，向左拖曳指针到"03"文件的结束位置，如图 8-50 所示。

图 8-49

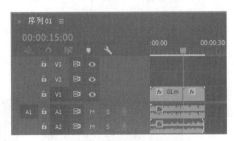

图 8-50

STEP **9** 选择"效果"面板，展开"音频效果"特效分类选项，选中"平衡"特效，如图 8-51 所示。将"平衡"特效拖曳到"时间轴"面板"音频 1"轨道中的"03"文件上，如图 8-52 所示。

图 8-51

图 8-52

STEP 10 选择"效果控件"面板，展开"平衡"选项，将"平衡"选项设置为 50.0，如图 8-53 所示。将"平衡"特效拖曳到"时间轴"面板"音频 2"轨道中的"04"文件上。选择"效果控件"面板，展开"平衡"选项，将"平衡"选项设置为-30.0，如图 8-54 所示。时尚音乐宣传片制作完成。

图 8-53

图 8-54

8.4.2 调整音频持续时间和速度

与视频素材的编辑一样，在应用音频素材时，可以对其播放速度和时间长度进行修改设置，具体操作步骤如下。

STEP 1 选中要调整的音频素材，选择"剪辑 > 速度/持续时间"命令，弹出"剪辑速度/持续时间"对话框，在"持续时间"数值框中可以对音频素材的持续时间进行调整，如图 8-55 所示。

STEP 2 在"时间轴"面板中直接拖曳音频的边缘，可以改变音频轨道上音频素材的长度。也可以选择"剃刀"工具，将音频素材多余的部分切除掉，如图 8-56 所示。

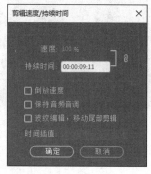

图 8-55

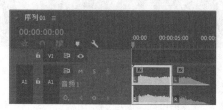

图 8-56

8.4.3 音频增益

音频增益指的是音频信号的声调高低。当一个视频片段同时拥有几个音频素材时，就需要平衡这几个素材的增益。因为如果一个素材的音频信号太高或太低，就会严重影响播放时的音频效果。用户可通过以下步骤设置音频素材增益。

STEP 1 选择"时间轴"面板中需要调整的素材，被选择的素材周围会出现灰色实线，如图 8-57 所示。

STEP 2 选择"剪辑 > 音频选项 > 音频增益"命令，弹出"音频增益"对话框，将鼠标指针移动到对话框的数值上，当指针变为手形标记时，单击并按住鼠标左键左右拖曳，增益值将被改变，如图 8-58 所示。

STEP 3 完成设置后，可以通过"源"窗口查看处理后的音频波形变化，播放修改后的音频素材，试听音频效果。

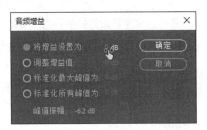

图 8-57　　　　　　　　　　　　　　　　图 8-58

8.5　分离和链接视音频

在编辑工作中，经常需要将"时间轴"面板中的视音频链接素材的视频和音频部分分离。用户可以完全打断或者暂时释放链接素材的链接关系并重新设置各部分。

Premiere Pro CC 2019 中音频素材和视频素材有两种链接关系：硬链接和软链接。如果链接的视频和音频来自一个影片文件，它们是硬链接，"项目"面板中只显示一个素材，硬链接是在素材被导入 Premiere Pro CC 2019 之前就建立的，在"时间轴"面板中显示为相同的颜色，如图 8-59 所示。软链接是在"时间轴"面板中建立的链接，用户可以在"时间轴"面板为音频素材和视频素材时建立软链接，软链接类似于硬链接，但链接的素材在"项目"面板保持各自的完整性，在序列中显示为不同的颜色，如图 8-60 所示。

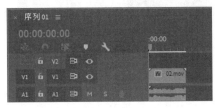

图 8-59　　　　　　　　　　　　　　　　图 8-60

如果要打断链接在一起的视音频，可在轨道上选择对象，单击鼠标右键，在弹出的快捷菜单中选择"取消链接"命令，如图 8-61 所示。被打断的视音频素材可以单独进行操作。

如果要把分离的视音频素材链接在一起作为一个整体进行操作，则只需要框选需要链接的视音频，单击鼠标右键，在弹出的快捷菜单中选择"链接"命令，如图 8-62 所示。

图 8-61　　　　　　　　　　　　　　　　图 8-62

8.6　添加音频效果

Premiere Pro CC 2019 提供了 20 种以上的音频效果，用户可以通过添加音频效果产生回声、和声及去除噪声，还可以使用扩展的插件得到更多的控制。

8.6.1 课堂案例——动物世界宣传片

案例学习目标

学习编辑音频的重低音的方法。

案例知识要点

使用"缩放"选项改变文件大小，使用"色阶"命令调整图像亮度，使用"显示轨道关键帧"选项制作音频的淡出与淡入，使用"低通"命令制作音频低音效果。动物世界宣传片效果如图 8-63 所示。

动物世界宣传片

图 8-63

效果所在位置

资源包/Ch08/动物世界宣传片/动物世界宣传片.prproj。

1. 调整视频文件亮度

STEP 1 启动 Premiere Pro CC 2019 软件，选择"文件 > 新建 > 项目"命令，弹出"新建项目"对话框，如图 8-64 所示，单击"确定"按钮，新建项目。选择"文件 > 新建 > 序列"命令，弹出"新建序列"对话框，单击"设置"选项卡，设置图 8-65 所示参数，单击"确定"按钮，新建序列。

图 8-64

图 8-65

STEP 2 选择"文件 > 导入"命令,弹出"导入"对话框,选择资源包中的"Ch08/动物世界宣传片/素材"路径下的"01"~"03"文件,如图 8-66 所示,单击"打开"按钮,将素材文件导入"项目"面板中,如图 8-67 所示。

图 8-66   图 8-67

STEP 3 在"项目"面板中,选中"01"文件并将其拖曳到"时间轴"面板的"视频 1"轨道中,在弹出的"剪辑不匹配警告"对话框中单击"保持现有设置"按钮,在保持现有序列设置的情况下将"01"文件放置在"视频 1"轨道中,如图 8-68 所示。选中"时间轴"面板中的"01"文件,选择"效果控件"面板,展开"运动"选项,将"位置"选项设置为 640.0 和 438.0,"缩放"选项设置为 163.0,如图 8-69 所示。

图 8-68   图 8-69

STEP 4 选择"效果"面板,展开"视频效果"分类选项,单击"调整"文件夹前面的三角形按钮将其展开,选中"色阶"特效,如图 8-70 所示,将其拖曳到"时间轴"面板中的"01"文件上。选择"效果控件"面板,展开"色阶"特效,将"(RGB)输入黑色阶"选项设置为 50,"(RGB)输入白色阶"选项设置为 196,其他设置如图 8-71 所示。

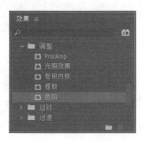

图 8-70   图 8-71

2. 制作音频超低音

STEP 1 在"项目"面板中选中"02"文件，将其拖曳到"时间轴"面板的"音频 1"轨道中，如图 8-72 所示。将时间指示器放置在 07:19s 的位置，在"音频 1"轨道上选中"02"文件，将鼠标放在"02"文件的尾部，当鼠标指针呈 时，向左拖曳光标到 7:19s 的位置上，如图 8-73 所示。

图 8-72   图 8-73

STEP 2 将时间指示器放置在 0s 的位置，在"时间轴"面板中选中"02"文件，按 Ctrl+C 组合键，复制文件。单击"音频 1"轨道的轨道标签，取消选中状态，如图 8-74 所示。按 Ctrl+V 组合键，将"02"文件粘贴到"视频 2"轨道中，如图 8-75 所示。

图 8-74   图 8-75

STEP 3 在"音频 2"轨道的"02"文件上单击鼠标右键，在弹出的快捷菜单中选择"重命名"命令，如图 8-76 所示。在弹出的"重命名剪辑"对话框中输入"低音效果"，单击"确定"按钮，如图 8-77 所示。

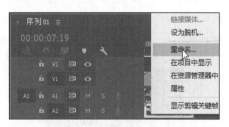

图 8-76   图 8-77

STEP 4 将时间指示器放置在 0s 的位置，在"音频 1"轨道中的"02"文件前面的"显示关键帧"按钮 上单击，在弹出的列表中选择"轨道关键帧 > 音量"选项，如图 8-78 所示。单击"02"文件前面的"添加/移除关键帧"按钮 ，添加第 1 个关键帧，在"时间轴"面板中将"02"文件中的关键帧移至最底层，如图 8-79 所示。

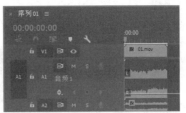

图 8-78   图 8-79

STEP 5 将时间指示器放置在 01:24s 的位置，单击"音频 1"轨道中的"02"文件前面的"添加/移除关键帧"按钮 ，如图 8-80 所示，添加第 2 个关键帧。拖曳"02"文件中的关键帧将其移至顶层，如图 8-81 所示。

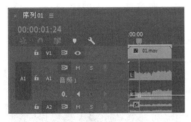   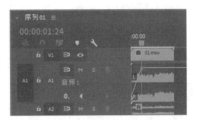

图 8-80   图 8-81

STEP 6 将时间指示器放置在 05:24s 的位置，单击"音频 1"轨道中的"02"文件前面的"添加/移除关键帧"按钮 ，如图 8-82 所示，添加第 3 个关键帧。将时间指示器放置在 07:13s 的位置，单击"音频 1"轨道中的"02"文件前面的"添加/移除关键帧"按钮 ，将"02"文件中的关键帧移至最底层，如图 8-83 所示，添加第 4 个关键帧。

STEP 7 选择"效果"面板，展开"音频效果"选项，单击"音频效果"文件夹前面的三角形按钮 将其展开，选中"低通"特效，如图 8-84 所示。

   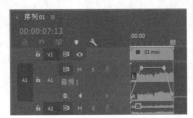

图 8-82   图 8-83   图 8-84

STEP 8 将"低通"特效拖曳到"时间轴"面板中的"低音效果"文件上，如图 8-85 所示。选择"效果控件"面板，展开"低通"特效，将"屏蔽度"选项设置为 400.0Hz，如图 8-86 所示。

图 8-85

图 8-86

STEP 9 选择"剪辑 > 音频选项 > 音频增益"命令，弹出"音频增益"对话框，设置"将增益设置为"选项为"15"dB，单击"确定"按钮，如图 8-87 所示。选择"音轨混合器"面板，播放试听最终音频效果时会看到"音频 2"轨道的电平显示，这个声道是低音频，可以看到低音的电平很强，而实际听到音频中的低音效果也非常丰满，如图 8-88 所示。

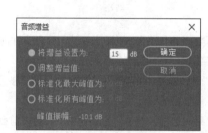

图 8-87

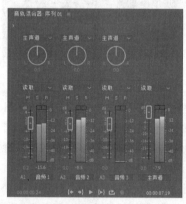

图 8-88

STEP 10 在"项目"面板中选中"03"文件，将其拖曳到"时间轴"面板的"视频 2"轨道中，如图 8-89 所示。将鼠标放在"03"文件的尾部，当鼠标指针呈 时，向右拖曳光标到"01"文件的结束位置上，如图 8-90 所示。

图 8-89

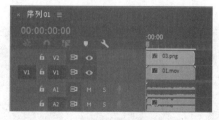

图 8-90

STEP 11 选择"时间轴"面板中的"03"文件，如图 8-91 所示。选择"效果控件"面板，展开"运动"选项，将"位置"选项设置为 640.0 和 650.0，"缩放"选项设置为 188.0，如图 8-92 所示。动物世界宣传片制作完成。

图 8-91

图 8-92

8.6.2 为素材添加效果

音频素材的特效添加方法与视频素材的特效添加方法相同，这里不再赘述。可以在"效果"面板中展开"音频效果"栏，分别在不同的音频模式文件夹中选择音频特效进行设置，如图 8-93 所示。

在"音频过渡"栏下，Premiere Pro CC 2019 还为音频素材提供了简单的切换方式，如图 8-94 所示。为音频素材添加切换的方法与视频素材相同，这里不再赘述。

图 8-93

图 8-94

8.6.3 设置轨道效果

除了可以对轨道上的音频素材设置特效外，还可以直接对音频轨道添加特效。首先在"音轨混合器"面板中，单击左上方的"显示/隐藏效果和发送"按钮 ，展开目标轨道的效果设置栏，单击右侧设置栏上的小三角，弹出音频效果下拉列表，如图 8-95 所示，选择需要使用的音频效果即可。可以在同一个音频轨道上添加并分别控制多个效果，如图 8-96 所示。

图 8-95

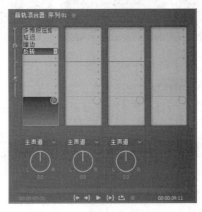

图 8-96

如果要调节轨道的音频特效，可以单击鼠标右键，在弹出的下拉列表中选择设置。在下拉列表中选择"编辑"命令，如图8-97所示，可以在弹出的"轨道效果编辑器"对话框中进行更加详细的设置，图8-98所示为"镶边"的详细调整对话框。

图8-97　　　　　　　　　　　图8-98

8.7 课堂练习——个性女装展示

⊕ 练习知识要点

使用"导入"命令导入素材文件，使用"效果控件"面板调整影视文件的缩放，使用"低通"和"低音"特效制作音频特效。个性女装展示效果如图8-99所示。

个性女装展示

图8-99

⊕ 效果所在位置

资源包/Ch08/个性女装展示/个性女装展示.prproj。

8.8 课后习题——影视创意混剪

⊕ 习题知识要点

使用"导入"命令导入素材文件，使用"效果控件"面板调整音频的淡入淡出效果。影视创意混剪效果如图 8-100 所示。

图 8-100

影视创意混剪

效果所在位置

资源包/Ch08/影视创意混剪/影视创意混剪.prproj。

Chapter

9

第 9 章
文件输出

本章主要讲解 Premiere 中文件输出的相关知识。通过对本章的学习，读者可以掌握渲染输出的方法和技巧。

课堂学习目标

- 了解软件的输出格式和影片预演
- 掌握输出参数的设置方法
- 掌握渲染输出各种格式文件的方法

9.1 可输出的文件格式

　　在 Premiere Pro CC 2019 中，可以输出多种文件格式，包括视频格式、音频格式、静态图像和序列图像等，下面进行详细讲解。

9.1.1 可输出的视频格式

在 Premiere Pro CC 2019 中可以输出多种视频格式，常用的有以下几种。

- AVI（Audio Video Interleaved）：是 Windows 操作系统中使用的视频文件格式。它的优点是兼容性好、图像质量好、调用方便，缺点是文件尺寸较大。
- 动画 GIF：GIF 是动画格式的文件，可以显示视频运动画面，但不包含音频部分。
- QuickTime：用于 Windows 和 Mac OS 系统的视频文件，适合于网上下载。该文件格式是由 Apple 公司开发的。
- DVD：使用 DVD 刻录机及 DVD 空白光盘刻录而成。
- DV（Digital Video）：是新一代数字录像带的规格，它具有体积小、录制时间长的优点。

9.1.2 可输出的音频格式

在 Premiere Pro CC 2019 中可以输出多种音频格式，其主要输出的音频格式有以下几种。

- WMA（Windows Media Audio）：WMA 音频文件是一种压缩的离散文件或流式文件。它采用的压缩技术与 MP3 压缩原理近似，但不削减大量的编码。WMA 最主要的优点是可以在较低的采样率下压缩出近于 CD 音质的音乐。
- MPEG：创建于 1988 年，专门负责为 CD 建立视频和音频等相关标准。
- MP3（MPEG Audio Layer 3）：它能够以高音质、低采样率对数字音频文件进行压缩。

此外，Premiere Pro CC 2019 还可以输出 DV-AVI、Real Media 和 QuickTime 格式的音频。

9.1.3 可输出的图像格式

在 Premiere Pro CC 2019 中可以输出多种图像格式，其主要输出的图像格式有以下几种。

- 静态图像格式：Targa、TIFF 和 BMP。
- 序列图像格式：GIF、Targa 和波形音频。

9.2 影片项目的预演

　　影片预演是视频编辑过程中对编辑效果进行检查的重要手段，它实际上也属于编辑工作的一部分。影片预演分为两种，一种是影片实时预演，另一种是生成影片预演，下面分别进行讲解。

9.2.1 影片实时预演

实时预演，也称实时预览，即平时所说的预览。进行影片实时预演的具体操作步骤如下。

STEP 1 影片编辑制作完成后，在"时间轴"面板中将时间标记移动到需要预演的片段开始位置，如图 9-1 所示。

STEP 2 在"节目"监视器面板中单击"播放/停止切换（Space）"按钮 ▶/■，系统开始播放节目，在"节目"监视器面板中预览节目的最终效果，如图 9-2 所示。

图9-1 图9-2

9.2.2 生成影片预演

与实时预演不同的是，生成影片预演不是使用显卡对画面进行实时预演，而是计算机的CPU对画面进行运算，先生成预演文件，再播放。因此，生成影片预演取决于计算机CPU的运算能力。生成预演播放的画面是平滑的，不会产生停顿或跳跃，所表现出来的画面效果和渲染输出的效果是完全一致的。生成影片预演的具体操作步骤如下。

STEP 1 影片编辑制作完成后，在适当的位置标记入点和出点，以确定要生成影片预演的范围，如图9-3所示。

STEP 2 选择"序列 > 渲染入点到出点"命令，系统将开始进行渲染，并弹出"渲染"对话框显示渲染进度，如图9-4所示。

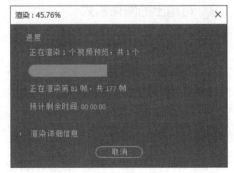

图9-3 图9-4

STEP 3 在"渲染"对话框中单击"渲染详细信息"选项前面的 按钮，展开此选项区域，可以查看渲染的开始时间、已用时间和可用磁盘空间等信息。

STEP 4 渲染结束后，系统会自动播放该片段，在"时间轴"面板中，预演部分将会显示绿色线条，其他部分则仍为黄色线条，如图9-5所示。用户如果先设置了预演文件的保存路径，就可以在计算机的硬盘中找到预演生成的临时文件，如图9-6所示。

图 9-5

图 9-6

STEP 5 双击该文件，则可以脱离 Premiere Pro CC 2019 程序进行播放，如图 9-7 所示。

图 9-7

生成的预演文件可以重复使用，用户下一次预演该片段时会自动使用该预演文件。在关闭该项目文件时，如果不进行保存，预演生成的临时文件会被自动删除；如果用户在修改预演区域片段后再次预演，就会重新渲染并生成新的预演临时文件。

9.3 输出参数的设置

在 Premiere Pro CC 2019 中，既可以将影片输出为用于电影或电视中播放的录像带，也可以输出为通过网络传输的网络流媒体格式，还可以输出为可以制作成 VCD 或 DVD 光盘的 AVI 文件等。无论输出的是何种类型，在输出文件之前，都必须合理地设置相关的输出参数，使输出的影片达到理想的效果。

9.3.1 输出选项

影片制作完成后即可输出，在输出影片之前，可以设置一些基本参数，其具体操作步骤如下。

STEP 1 在"时间轴"面板中选择需要输出的视频序列，选择"文件 > 导出 > 媒体"命令，在弹出的"导出设置"对话框中进行设置，如图 9-8 所示。

STEP 2 在"导出设置"对话框右侧的选项区域中设置文件的格式及输出区域等选项。

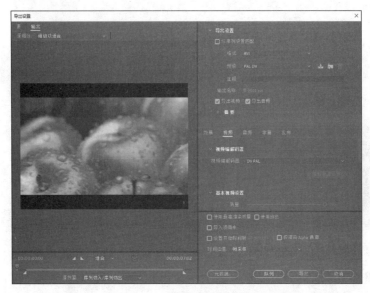

图 9-8

1. 文件类型

用户可以将输出的数字电影设置为不同的格式，以便适应不同的需要。在"格式"选项的下拉列表中，可以输出的媒体格式如图 9-9 所示。

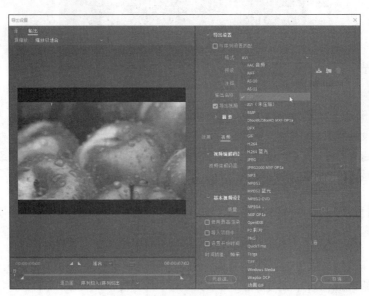

图 9-9

在 Premiere Pro CC 2019 中默认的输出文件类型或格式主要有以下 4 种。

（1）如果要输出为基于 Windows 操作系统的数字电影，则选择"AVI"（Windows 格式的视频格式）选项。

（2）如果要输出为基于 Mac OS 操作系统的数字电影，则选择"QuickTime"（MAC 视频格式）选项。

（3）如果要输出 GIF 动画，则选择"动画 GIF"选项，即输出的文件连续存储了视频的每一帧，这种格式支持在网页上以动画形式显示，但不支持声音播放。若选择"GIF"选项，则只能输出为单帧的静态图像序列。

（4）如果只是输出为 WMA 格式的影片声音文件，则选择"Windows Media"选项。

2. 输出视频

勾选"导出视频"复选框，可输出整个编辑项目的视频部分；若取消选择，则不能输出视频部分。

3. 输出音频

勾选"导出音频"复选框，可输出整个编辑项目的音频部分；若取消选择，则不能输出音频部分。

9.3.2　"视频"选项区域

在"视频"选项区域中，可以为输出的视频设置使用的格式、品质及影片尺寸等相关的选项参数，如图 9-10 和图 9-11 所示。

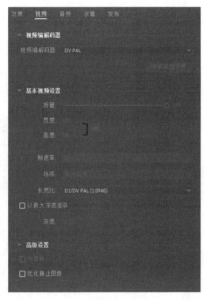

图 9-10

图 9-11

"视频"选项区域中各主要选项说明如下。

"质量"：用于设置影片的压缩品质，通过拖动品质的百分比来设置。

"宽度" / "高度"：用于设置影片的尺寸。我国使用 PAL 制，选择 720p×576p。

"帧速率"：用于设置每秒播放画面的帧数，提高帧速率会使画面播放得更流畅。如果将文件类型设置为 Microsoft Video 1，那么 PAL DV 对应的帧速率是固定的 29.97 和 25；如果将文件类型设置为 AVI，那么帧速率可以选择 1～60 的数值。

"场序"：用于设置影片的场扫描方式，有上场、下场和无场 3 种方式。

"长宽比"：用于设置视频制式的画面比。单击该选项右侧的按钮，在弹出的下拉列表中选择需要的选项，如图 9-12 所示。

"以最大深度渲染"：勾选此复选框，可以提高视频质量，但会增加编码时间。

"关键帧"：勾选此复选框，可以指定在导出视频中插入关键帧的频率。

"优化静止图像"：勾选此复选框，可以将序列中的静止图像渲染为单个帧，有助于减小导出的视频文件大小。

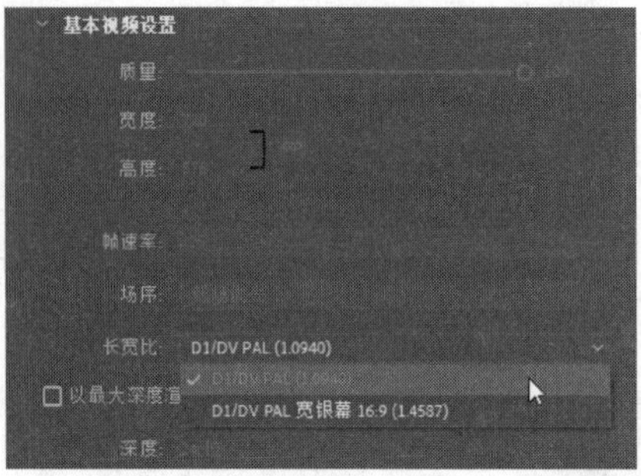

图 9-12

9.3.3 "音频"选项区域

在"音频"选项区域中，可以为输出的音频设置使用的压缩方式、采样速率及量化指标等相关的选项参数，如图 9-13 所示。

"音频"选项区域中各主要选项含义如下。

"音频格式"：用于选择音频导出的格式。

"音频编解码器"：用于为输出的音频选项选择合适的压缩方式进行压缩。Premiere Pro CC 2019 默认的选项是"无压缩"。

"采样率"：用于设置输出节目音频时所使用的采样速率。采样速率越高，播放质量越好，但所需的磁盘空间越大，占用的处理时间越长。

"声道"：在该选项的下拉列表中可以为音频选择单声道或立体声。

"音频质量"：用于设置输出音频的质量。

"比特率"：可以选择音频编码所用的比特率。比特率越高，质量越好。

"优先"：选择"比特率"单选项，将基于所选的比特率限制采样率；选择"采样率"单选项，将限制指定采样率的比特率值。

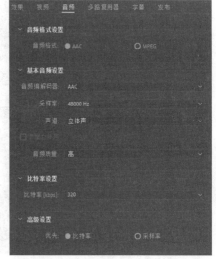

图 9-13

9.4 渲染输出各种格式文件

Premiere Pro CC 2019 可以渲染输出多种格式文件，从而使视频剪辑更加方便灵活。本节重点介绍各种常用格式文件渲染输出的方法。

9.4.1 输出单帧图像

在视频编辑中，可以将画面的某一帧输出，以便给视频动画制作定格效果。Premiere Pro CC 2019 中输出单帧图像的具体操作步骤如下。

STEP 1 在 Premiere Pro CC 2019 的"时间轴"面板上添加一段视频文件，选择"文件 > 导出 > 媒体"命令，弹出"导出设置"对话框，在"格式"选项的下拉列表中选择"TIFF"选项，在"输出名称"文本框中输入文件名并设置文件的保存路径，勾选"导出视频"复选框，在"视频"扩展参数面板中取消勾选"导出为序列"复选框，其他参数保持默认状态，如图 9-14 所示。

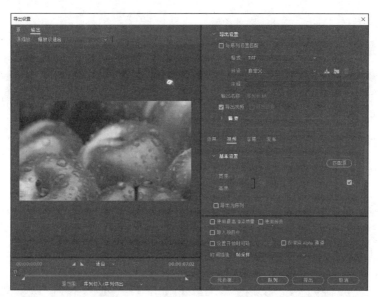

图 9-14

STEP2 单击"导出"按钮，导出时间指针位置的单帧图像。

9.4.2 输出音频文件

Premiere Pro CC 2019 可以将影片中的一段声音或影片中的歌曲制作成音乐光盘等文件。输出音频文件的具体操作步骤如下。

STEP1 在 Premiere Pro CC 2019 的"时间轴"面板上添加一个有声音的视频文件或打开一个有声音的项目文件，选择"文件 > 导出 > 媒体"命令，弹出"导出设置"对话框，在"格式"选项的下拉列表中选择"MP3"选项，在"预设"选项的下拉列表中选择"MP3 128kbps"选项，在"输出名称"文本框中输入文件名并设置文件的保存路径，勾选"导出音频"复选框，其他参数保持默认状态，如图 9-15 所示。

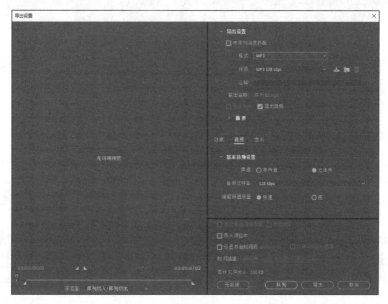

图 9-15

STEP 2 单击"导出"按钮，导出音频。

9.4.3 输出整个影片

输出影片是最常用的输出方式。将编辑完成的项目文件以视频格式输出，可以输出编辑内容的全部或者某一部分，也可以只输出视频内容或者只输出音频内容，一般将全部的视频内容和音频内容一起输出。

下面以 AVI 格式为例，介绍输出影片的方法，其具体操作步骤如下。

STEP 1 选择"文件 > 导出 > 媒体"命令，弹出"导出设置"对话框。

STEP 2 在"格式"选项的下拉列表中选择"AVI"选项。在"预设"选项的下拉列表中选择"PAL DV"选项，如图 9-16 所示。

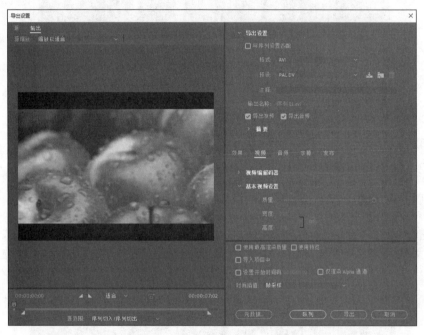

图 9-16

STEP 3 在"输出名称"文本框中输入文件名并设置文件的保存路径，勾选"导出视频"复选框和"导出音频"复选框。

STEP 4 设置完成后，单击"导出"按钮，即可导出 AVI 格式影片。

9.4.4 输出静态图片序列

在 Premiere Pro CC 2019 中，可以将视频输出为静态图片序列，也就是说，将视频画面的每一帧都输出为一张静态图片，这一系列图片中每张都具有一个自动编号。这些输出的序列图片可以移动和存储，并可用于 3D 软件中的动态贴图。

输出图片序列的具体操作步骤如下。

STEP 1 在 Premiere Pro CC 2019 的"时间轴"面板上添加一段视频文件，设定只输出视频的一部分内容，如图 9-17 所示。

图 9-17

STEP 2 选择"文件 > 导出 > 媒体"命令，弹出"导出设置"对话框，在"格式"选项的下拉列表中选择"TIFF"选项，在"输出名称"文本框中输入文件名并设置文件的保存路径，勾选"导出视频"复选框，在"视频"扩展参数面板中必须勾选"导出为序列"复选框，其他参数保持默认状态，如图 9-18 所示。

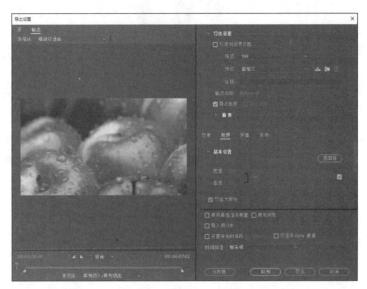

图 9-18

STEP 3 单击"导出"按钮，导出静态序列图片文件。

Chapter

10

第 10 章
综合案例

本章通过 4 个综合案例，进一步讲解 Premiere 的特色功能和使用技巧，让读者能够快速掌握软件功能和知识要点，制作出丰富的多媒体效果。

课堂学习目标

- 掌握软件基础知识的具体运用方法

- 了解软件的常用设计领域

- 掌握软件在不同设计领域的使用技巧

10.1 烹饪节目包装

10.1.1 案例分析

　　大山美食生活网是一家以丰富的美食内容与大量的饮食资讯深受广大网民喜爱的个人网站。本例是为网站制作烹饪节目，要求以动画的方式展现出广式爆炒大虾的制作方法，给人健康、美味的视觉体验和幸福感。

　　主要的设计思路为：使用简洁干净的颜色为背景，体现出洁净、健康的主题；以烹饪食材为主要内容，表现出简单、便捷的制作特点。整个设计充满特色，让人印象深刻。

　　本例将使用"导入"命令导入素材文件，使用"效果控件"面板编辑视频文件的大小并制作动画，使用"速度/持续时间"命令调整视频的速度和持续时间，使用"基本图形"面板添加图形文本。烹饪节目包装效果如图 10-1 所示。

烹饪节目包装

图 10-1

10.1.2 案例设计

资源包/Ch10/烹饪节目包装/烹饪节目包装.prproj。

10.1.3 案例制作

1. 导入素材

STEP⬆1 启动 Premiere Pro CC 2019 软件，选择"文件 > 新建 > 项目"命令，弹出"新建项目"对话框，如图 10-2 所示，单击"确定"按钮，新建项目。选择"文件 > 新建 > 序列"命令，弹出"新建序列"对话框，单击"设置"选项卡，设置图 10-3 所示参数，单击"确定"按钮，新建序列。

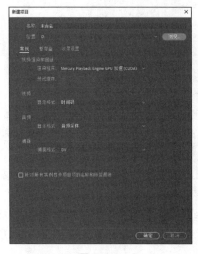

图10-2

图10-3

STEP 2 选择"文件 > 导入"命令，弹出"导入"对话框，选择资源包中的"Ch10/烹饪节目/素材"路径下的"01"～"16"文件，如图 10-4 所示，单击"打开"按钮，将素材文件导入"项目"面板中，如图 10-5 所示。

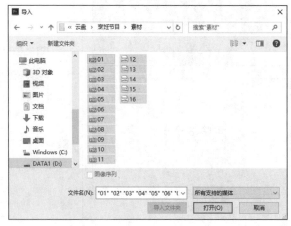

图10-4

图10-5

STEP 3 在"项目"面板中，选中"01"文件并将其拖曳到"时间轴"面板的"视频 1"轨道中，如图 10-6 所示。将时间标签放置在 12:00s 的位置上，将鼠标指针放在"01"文件的结束位置并单击，显示编辑点。当鼠标指针呈 时，向右拖曳指针到 12:00s 的位置，如图 10-7 所示。

图10-6

图10-7

2. 添加并编辑素材

STEP 1 将时间标签放置在 00:12s 的位置上,在"项目"面板中,选中"02"文件并将其拖曳到"时间轴"面板的"视频 2"轨道中,如图 10-8 所示。将时间标签放置在 03:16s 的位置上,将鼠标指针放在"02"文件的结束位置并单击,显示编辑点。当鼠标指针呈 ◀ 时,向右拖曳指针到 03:16s 的位置,如图 10-9 所示。

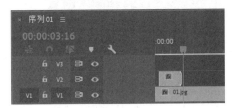

图 10-8   图 10-9

STEP 2 选择"时间轴"面板中的"02"文件,如图 10-10 所示。选择"效果控件"面板,展开"运动"选项,将"缩放"选项设置为 30.0,如图 10-11 所示。

图 10-10   图 10-11

STEP 3 将时间标签放置在 00:18s 的位置上,在"项目"面板中,选中"03"文件并将其拖曳到"时间轴"面板的"视频 3"轨道中,如图 10-12 所示。将鼠标指针放在"03"文件的结束位置并单击,显示编辑点。当鼠标指针呈 ◀ 时,向左拖曳指针到"02"文件的结束位置,如图 10-13 所示。

图 10-12   图 10-13

STEP 4 选中"时间轴"面板中的"03"文件,选择"效果控件"面板,展开"运动"选项,将"位置"选项设为 838.0 和 287.0,"缩放"选项设置为 0.0,单击"缩放"选项左侧的"切换动画"按钮 ⊙,如图 10-14 所示,记录第 1 个动画关键帧。将时间标签放置在 00:22s 的位置上,将"缩放"选项设置为 100.0,如图 10-15 所示,记录第 2 个动画关键帧。

图 10-14

图 10-15

STEP 5 选择"序列 > 添加轨道"命令，在弹出的"添加轨道"对话框中进行设置，如图 10-16 所示，单击"确定"按钮，在"时间轴"面板中添加 8 条视频轨道，如图 10-17 所示。

图 10-16

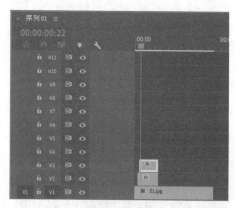

图 10-17

STEP 6 将时间标签放置在 00:24s 的位置上，在"项目"面板中，选中"04"文件并将其拖曳到"时间轴"面板的"视频 4"轨道中，如图 10-18 所示。将鼠标指针放在"04"文件的结束位置并单击，显示编辑点。当鼠标指针呈 时，向左拖曳指针到"03"文件的结束位置，如图 10-19 所示。

图 10-18

图 10-19

STEP 7 选中"时间轴"面板中的"04"文件，选择"效果控件"面板，展开"运动"选项，将"位置"选项设为 381.0 和 543.0，"缩放"选项设置为 0.0，单击"缩放"选项左侧的"切换动画"按钮 ，如图 10-20 所示，记录第 1 个动画关键帧。将时间标签放置在 01:03s 的位置上，将"缩放"选项设置为100.0，如图 10-21 所示，记录第 2 个动画关键帧。

图 10-20

图 10-21

STEP 8 用相同的方法添加 "05" ～ "10" 文件，在 "效果控件" 面板中调整其位置并制作缩放动画。将时间标签放置在 02:19s 的位置上，在 "项目" 面板中，选中 "11" 文件并将其拖曳到 "时间轴" 面板的 "视频 11" 轨道中，如图 10-22 所示。将鼠标指针放在 "11" 文件的结束位置并单击，显示编辑点。当鼠标指针呈◀时，向右拖曳指针到 "10" 文件的结束位置，如图 10-23 所示。

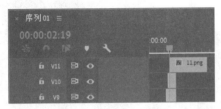

图 10-22

图 10-23

STEP 9 选中 "时间轴" 面板中的 "11" 文件，选择 "效果控件" 面板，展开 "运动" 选项，将 "位置" 选项设为 517.0 和 484.0， "缩放" 选项设置为 0.0， "旋转" 选项设置为-27.0°，单击 "缩放" 选项左侧的 "切换动画" 按钮 ，如图 10-24 所示，记录第 1 个动画关键帧。将时间标签放置在 02:24s 的位置上，将 "缩放" 选项设置为 115.0，如图 10-25 所示，记录第 2 个动画关键帧。

图 10-24

图 10-25

STEP 10 在 "项目" 面板中，选中 "12" 文件并将其拖曳到 "时间轴" 面板的 "视频 2" 轨道中，如图 10-26 所示。选择 "剪辑 > 速度/持续时间" 命令，在弹出的 "剪辑速度/持续时间" 对话框中进行设置，如图 10-27 所示，单击 "确定" 按钮，效果如图 10-28 所示。

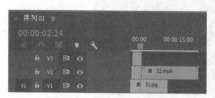

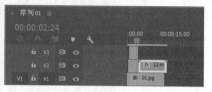

图 10-26 图 10-27 图 10-28

STEP 11 将时间标签放置在 04:24s 的位置上，将鼠标指针放在"12"文件的结束位置并单击，显示编辑点。当鼠标指针呈◄时，向右拖曳指针到 04:24s 的位置，如图 10-29 所示。

STEP 12 选择"时间轴"面板中的"12"文件，如图 10-30 所示。选择"效果控件"面板，展开"运动"选项，将"缩放"选项设置为 34.0，如图 10-31 所示。

图 10-29 图 10-30 图 10-31

STEP 13 将时间标签放置在 04:16s 的位置上，在"项目"面板中，选中"13"文件并将其拖曳到"时间轴"面板的"视频 3"轨道中，如图 10-32 所示。选择"剪辑 > 速度/持续时间"命令，在弹出的"剪辑速度/持续时间"对话框中进行设置，如图 10-33 所示，单击"确定"按钮，效果如图 10-34 所示。将时间标签放置在 06:05s 的位置上，将鼠标指针放在"13"文件的结束位置并单击，显示编辑点。当鼠标指针呈◄时，向右拖曳指针到 06:05s 的位置，如图 10-35 所示。

图 10-32

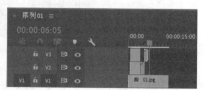

图 10-33 图 10-34 图 10-35

STEP 14 选择"时间轴"面板中的"13"文件，如图 10-36 所示。选择"效果控件"面板，展开"运动"选项，将"缩放"选项设置为 67.0，如图 10-37 所示。

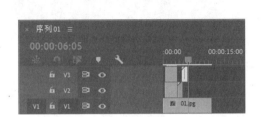

图 10-36　　　　　　　　　　　　　　　　图 10-37

3. 制作图形字幕

STEP　1 用相同的方法添加"14"～"16"文件，调整其速度/持续时间，并在"效果控件"面板中调整其大小，如图 10-38 所示。选择"基本图形"面板，单击"编辑"选项卡，单击"新建图层"按钮，在弹出的菜单中选择"文本"命令，如图 10-39 所示。

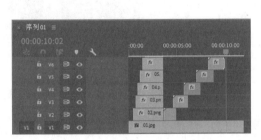

图 10-38　　　　　　　　　　　　　　　　图 10-39

STEP　2 在"时间轴"面板的"视频 2"轨道中生成"新建文本图层"文件，如图 10-40 所示。"节目"监视器面板中的效果如图 10-41 所示。

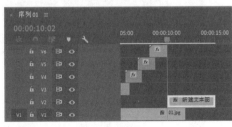

图 10-40　　　　　　　　　　　　　　　　图 10-41

STEP　3 在"节目"监视器面板中修改文字，效果如图 10-42 所示。在"时间轴"面板中将鼠标指针放在"香哈哈厨房"文件的结束位置并单击，显示编辑点。当鼠标指针呈 时，向右拖曳指针到"01"文件的结束位置，如图 10-43 所示。

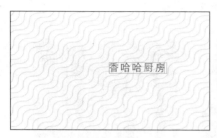

图 10-42   图 10-43

STEP 4 在"基本图形"面板中选择"香哈哈厨房"图层，在"基本图形"面板的"对齐并变换"栏中的设置如图 10-44 所示，"外观"栏中的"填充"颜色设置为红色（224、0、27），"文本"栏的设置如图 10-45 所示。

图 10-44   图 10-45

STEP 5 选择"时间轴"面板中的"香哈哈厨房"文件。选择"效果控件"面板，展开"运动"选项，将"位置"选项设为 640.0 和 62.0，单击"位置"选项左侧的"切换动画"按钮，如图 10-46 所示，记录第 1 个动画关键帧。将时间标签放置在 10:21s 的位置上，将"位置"选项设为 640.0 和 360.0，如图 10-47 所示，记录第 2 个动画关键帧。

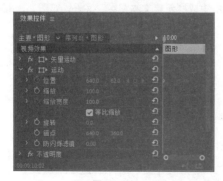

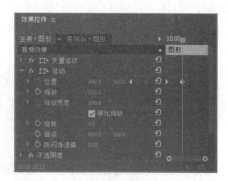

图 10-46   图 10-47

STEP 6 选择"基本图形"面板，单击"编辑"选项卡，单击"新建图层"按钮，在弹出的菜单中选择"文本"命令。在"时间轴"面板的"视频 2"轨道中生成"新建文本图层"文件，如图 10-48 所示。"节目"监视器面板中的效果如图 10-49 所示。

图 10-48　　　　　　　　　　　　　图 10-49

STEP 7 在"节目"监视器面板中修改文字，效果如图 10-50 所示。在"时间轴"面板中将鼠标指针放在"让做菜……"文件的结束位置并单击，显示编辑点。当鼠标指针呈 时，向右拖曳指针到"01"文件的结束位置，如图 10-51 所示。

图 10-50　　　　　　　　　　　　　图 10-51

STEP 8 在"基本图形"面板中选择"香哈哈厨房"图层，在"基本图形"面板的"对齐并变换"栏中的设置如图 10-52 所示，"外观"栏中的"填充"颜色设置为黑灰色（62、62、62），"文本"栏的设置如图 10-53 所示。

STEP 9 选择"时间轴"面板中的"香哈哈厨房"文件。选择"效果控件"面板；展开"运动"选项，将"位置"选项设为 640.0 和 646.0，单击"位置"选项左侧的"切换动画"按钮 ，如图 10-54 所示，记录第 1 个动画关键帧。将时间标签放置在 10:21s 的位置上，将"位置"选项设为 640.0 和 360.0，如图 10-55 所示，记录第 2 个动画关键帧。烹饪节目包装制作完成。

图 10-52

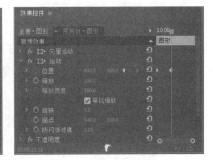

图 10-53　　　　　　　　　图 10-54　　　　　　　　　图 10-55

10.2　运动产品广告

10.2.1　案例分析

时尚生活电视台是全方位介绍人们的衣、食、住、行等资讯的电视台。现电视台新添了运动健身栏目，本例是要求制作运动产品广告，要求能体现出运动能给人带来愉悦的心情以及丰富人们的业余生活。

主要的设计思路为：使用运动产品作为广告主体，体现出广告宣传的主题；整体风格简洁大气，能够让人一目了然；图文搭配合理，让画面显得既合理又美观；颜色对比强烈，能直观地展示广告的性质。

本例将使用"导入"命令导入素材文件，使用"效果控件"面板编辑视频文件并制作动画，使用"ProcAmp"特效调整视频颜色，使用"基本图形"面板添加并编辑图形和文本。运动产品广告效果如图 10-56 所示。

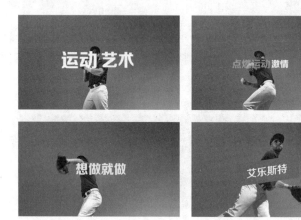

图 10-56

运动产品广告

10.2.2 案例设计

资源包/Ch10/运动产品广告/运动产品广告.prproj。

10.2.3 案例制作

1. 导入并编辑素材

STEP 1 启动 Premiere Pro CC 2019 软件，选择"文件 > 新建 > 项目"命令，弹出"新建项目"对话框，如图 10-57 所示，单击"确定"按钮，新建项目。选择"文件 > 新建 > 序列"命令，弹出"新建序列"对话框，单击"设置"选项卡，设置图 10-58 所示参数，单击"确定"按钮，新建序列。

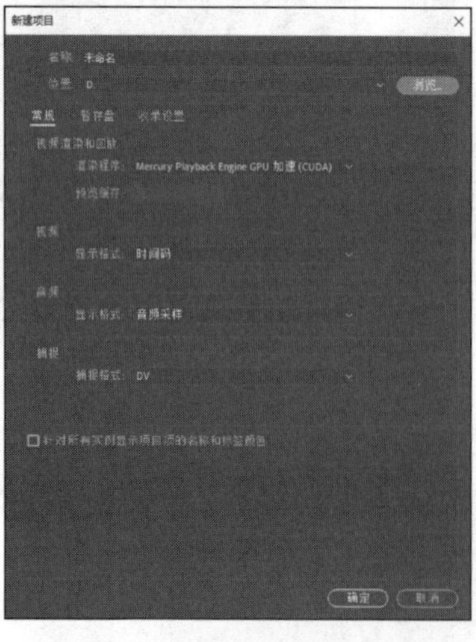

图 10-57

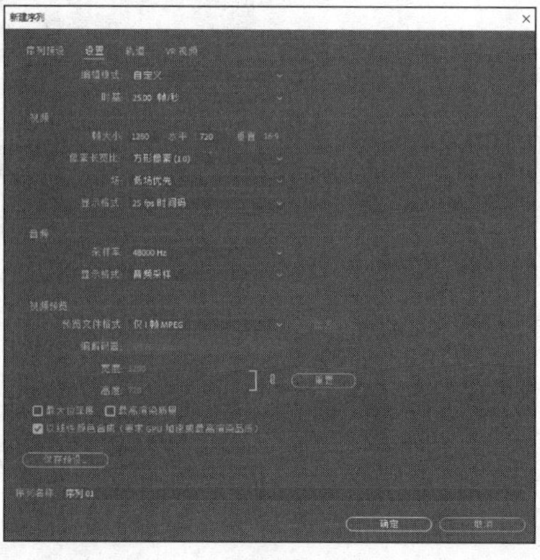

图 10-58

STEP 2 选择"文件 > 导入"命令，弹出"导入"对话框，选择资源包中的"Ch10/运动产品广告/素材"路径下的"01"～"03"文件，如图 10-59 所示，单击"打开"按钮，将素材文件导入"项目"面板中，如图 10-60 所示。

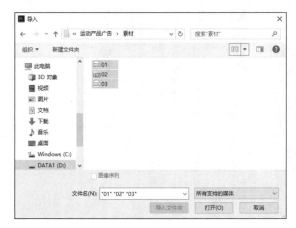

图 10-59   图 10-60

STEP 3 在"项目"面板中，选中"01"文件并将其拖曳到"时间轴"面板的"视频 1"轨道中，如图 10-61 所示。将时间标签放置在 05:00s 的位置上，将鼠标指针放在"01"文件的结束位置并单击，显示编辑点。当鼠标指针呈 ◀ 时，向右拖曳指针到 05:00s 的位置，如图 10-62 所示。

图 10-61   图 10-62

STEP 4 选择"时间轴"面板中的"01"文件，如图 10-63 所示。选择"效果控件"面板，展开"运动"选项，将"缩放"选项设置为 67.0，如图 10-64 所示。

图 10-63   图 10-64

STEP 5 选择"效果"面板，展开"视频效果"特效分类选项，单击"调整"文件夹前面的三

角形按钮 将其展开，选中"ProcAmp"特效，如图 10-65 所示。将"ProcAmp"特效拖曳到"时间轴"面板"视频 1"轨道中的"01"文件上。选择"效果控件"面板，展开"ProcAmp"选项，选项的设置如图 10-66 所示。

图 10-65   图 10-66

2. 制作图形字幕及动画

STEP 1 选择"基本图形"面板，单击"编辑"选项卡，单击"新建图层"按钮 ，在弹出的菜单中选择"文本"命令。在"时间轴"面板的"视频 2"轨道中生成"新建文本图层"文件，如图 10-67 所示。"节目"监视器面板中的效果如图 10-68 所示。

图 10-67   图 10-68

STEP 2 在"节目"监视器面板中修改文字，效果如图 10-69 所示。将时间标签放置在 00:13s 的位置上，将鼠标指针放在"运动"文件的结束位置并单击，显示编辑点。当鼠标指针呈 时，向左拖曳指针到 00:13s 的位置，如图 10-70 所示。

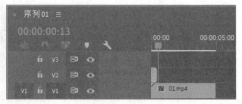

图 10-69   图 10-70

STEP 3 将时间标签放置在 0s 的位置上。在"基本图形"面板中选择"运动"图层，在"基本图形"面板的"对齐并变换"栏中的设置如图 10-71 所示,"文本"栏的设置如图 10-72 所示。选择"时间轴"面板中的"运动"文件。选择"效果控件"面板,展开"运动"选项,将"位置"选项设置为 640.0 和 360.0,单击"位置"选项左侧的"切换动画"按钮,如图 10-73 所示,记录第 1 个动画关键帧。

图 10-71　　　　　　　　图 10-72　　　　　　　　　　图 10-73

STEP 4 将时间标签放置在 00:05s 的位置上,在"效果控件"面板中,将"位置"选项设置为 569.0 和 360.0,记录第 2 个动画关键帧。单击"缩放"选项左侧的"切换动画"按钮,如图 10-74 所示,记录第 1 个动画关键帧。

STEP 5 将时间标签放置在 00:12s 的位置上。在"效果控件"面板中,将"缩放"选项设置为 70.0,如图 10-75 所示,记录第 2 个动画关键帧。

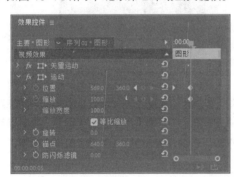

图 10-74　　　　　　　　　　　　　图 10-75

STEP 6 将时间标签放置在 00:05s 的位置上,取消"时间轴"面板中"运动"文件的选中状态。选择"基本图形"面板,单击"编辑"选项卡,单击"新建图层"按钮,在弹出的菜单中选择"文本"命令。在"时间轴"面板的"视频 3"轨道中生成"新建文本图层"文件,如图 10-76 所示。"节目"监视器面板中的效果如图 10-77 所示。

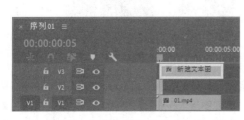

图 10-76　　　　　　　　　　　　图 10-77

STEP 7 在"节目"监视器面板中修改文字，效果如图10-78所示。将鼠标指针放在"艺术"文件的结束位置并单击，显示编辑点。当鼠标指针呈◀时，向左拖曳指针到"运动"文件的结束位置，如图10-79所示。

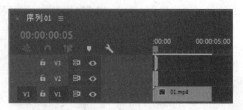

图10-78   图10-79

STEP 8 在"基本图形"面板中选择"艺术"图层，在"基本图形"面板的"对齐并变换"栏中的设置如图10-80所示，"文本"栏的设置如图10-81所示。

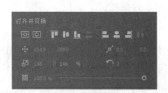

图10-80   图10-81

STEP 9 选中"时间轴"面板中的"艺术"文件，选择"效果控件"面板，展开"运动"选项，单击"缩放"选项左侧的"切换动画"按钮🕐，如图10-82所示，记录第1个动画关键帧。将时间标签放置在00:12s的位置上，在"效果控件"面板中，将"缩放"选项设置为70.0，如图10-83所示，记录第2个动画关键帧。

图10-82   图10-83

STEP 10 将时间标签放置在00:13s的位置上，取消"时间轴"面板中"艺术"文件的选中状态。选择"基本图形"面板，单击"编辑"选项卡，单击"新建图层"按钮▢，在弹出的菜单中选择"文本"命令。在"时间轴"面板的"视频2"轨道中生成"新建文本图层"文件，如图10-84所示。在"节目"

监视器面板中修改文字，如图 10-85 所示。

图10-84

图10-85

STEP 11 将时间标签放置在 01:04s 的位置上，将鼠标指针放在"来源于生活"文件的结束位置并单击，显示编辑点。当鼠标指针呈 ◄ 时，向左拖曳指针到 01:04s 的位置，如图 10-86 所示。

STEP 12 在"时间轴"面板中选择"来源于生活"文件。在"基本图形"面板中选择"来源于生活"图层，在"基本图形"面板的"对齐并变换"栏中的设置如图 10-87 所示，"文本"栏的设置如图 10-88 所示。用上述方法为文字添加关键帧，并制作其他文字，如图 10-89 所示。

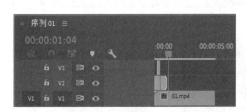

图10-86

图10-87

图10-88

图10-89

3. 绘制装饰图形

STEP 1 选择"基本图形"面板，单击"编辑"选项卡，单击"新建图层"按钮 ▣，在弹出的菜单中选择"矩形"命令，如图 10-90 所示。在"时间轴"面板的"视频 2"轨道中生成"图形"文件，如图 10-91 所示，"节目"监视器面板中的效果如图 10-92 所示。

STEP 2 在"时间轴"面板中选择"图形"文件。在"基本图形"面板中选择"形状 01"图层，在"外观"栏中将"填充"颜色设置为红色（230、61、24），"对齐并变换"栏中的设置如图 10-93 所示。

图10-90

图 10-91

图 10-92

图 10-93

STEP ➔3 选择"工具"面板中的"钢笔"工具 ✎，在"节目"监视器面板中选择右上角的锚点，并拖曳到适当的位置，效果如图 10-94 所示。用相同的方法调整右下角和左下角的锚点，效果如图 10-95 所示。

图 10-94

图 10-95

STEP ➔4 将鼠标指针放在"图形"文件的结束位置并单击，显示编辑点。当鼠标指针呈 ◀ 时，向左拖曳指针到"01"文件的结束位置，如图 10-96 所示。

STEP ➔5 选择"效果控件"面板，展开"形状（形状 01）"选项，取消勾选"等比缩放"复选框，将"垂直缩放"选项设置为 0，单击"垂直缩放"选项左侧的"切换动画"按钮 ⏱，如图 10-97 所示，记录第 1 个动画关键帧。将时间标签放置在 03:22s 的位置上，在"效果控件"面板中，将"垂直缩放"选项设置为 100，如图 10-98 所示，记录第 2 个动画关键帧。

图 10-96

图 10-97

图 10-98

STEP ➔6 将时间标签放置在 03:14s 的位置上，在"项目"面板中，选中"02"文件并将其拖曳到"时间轴"面板的"视频 3"轨道中，如图 10-99 所示。将鼠标指针放在"02"文件的结束位置并单击，显示编辑点。当鼠标指针呈 ◀ 时，向右拖曳指针到"01"文件的结束位置，如图 10-100 所示。

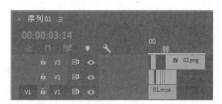

图 10-99

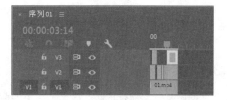

图 10-100

STEP 7 将时间标签放置在 03:20s 的位置上,选择"效果控件"面板,展开"运动"选项,将"位置"选项设置为 590.0 和 437.0,单击"位置"选项左侧的"切换动画"按钮 ,如图 10-101 所示,记录第 1 个动画关键帧。将时间标签放置在 04:03s 的位置上,将"位置"选项设置为 590.0 和 370.0,如图 10-102 所示,记录第 2 个动画关键帧。

图 10-101

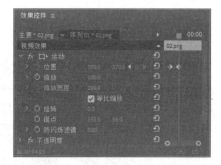

图 10-102

STEP 8 将时间标签放置在 03:20s 的位置上,选择"效果控件"面板,展开"不透明度"选项,将"不透明度"选项设置为 0.0%,如图 10-103 所示,记录第 1 个动画关键帧。将时间标签放置在 03:22s 的位置上,将"不透明度"选项设置为 100.0%,如图 10-104 所示,记录第 2 个动画关键帧。

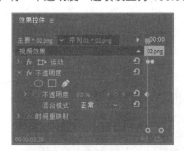

图 10-103

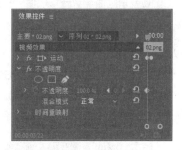

图 10-104

STEP 9 在"项目"面板中,选中"03"文件并将其拖曳到"时间轴"面板的"音频 1"轨道中,如图 10-105 所示。将鼠标指针放在"03"文件的结束位置并单击,显示编辑点。当鼠标指针呈 时,向右拖曳指针到"01"文件的结束位置,如图 10-106 所示。运动产品广告制作完成。

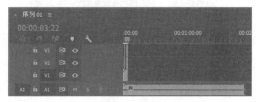

图 10-105

图 10-106

10.3 音乐歌曲MV

10.3.1 案例分析

　　渃优歌曲网站是一家拥有正版、庞大、完整的曲库，歌曲更新迅速，试听流畅，口碑极佳的网站。该网站要求制作卡拉OK歌曲，设计要符合歌曲的意境和主题，给人清新、醒目感。

　　主要的设计思路为：以歌曲主题照片为主导，清晰明快地展现出歌曲的主题；设计形式醒目直观，能表现歌曲特色，让人一目了然；画面色彩对比强烈，形成视觉冲击；设计风格具有特色，使人印象深刻。

　　本例将使用"导入"命令导入素材图片，使用"效果控件"面板制作图片的位置、缩放比例和透明度动画，使用"效果"面板添加视频特效。音乐歌曲MV效果如图10-107所示。

图 10-107

音乐歌曲 MV

10.3.2 案例设计

资源包/Ch10/音乐歌曲MV/音乐歌曲MV.prproj。

10.3.3 案例制作

1. 导入素材并添加字幕

　　STEP 1 启动 Premiere Pro CC 2019 软件，选择"文件 > 新建 > 项目"命令，弹出"新建项目"对话框，如图10-108所示，单击"确定"按钮，新建项目。选择"文件 > 新建 > 序列"命令，弹出"新建序列"对话框，单击"设置"选项卡，设置图10-109所示参数，单击"确定"按钮，新建序列。

图 10-108

图 10-109

STEP 2 选择"文件 > 导入"命令，弹出"导入"对话框，选择资源包中的"Ch10/音乐歌曲MV/素材"路径下的"01"～"09"文件，如图 10-110 所示，单击"打开"按钮，将素材文件导入"项目"面板中，如图 10-111 所示。

图 10-110 · · · · · · · · · · · · · · · · · 图 10-111

STEP 3 选择"文件 > 新建 > 旧版标题"命令，弹出"新建字幕"对话框，选项的设置如图 10-112 所示，单击"确定"按钮，弹出"字幕"编辑面板。选择"旧版标题工具"面板中的"文字"工具 T，在"字幕"窗口中输入需要的文字。在"旧版标题属性"面板中展开"属性"栏，选项的设置如图 10-113 所示。

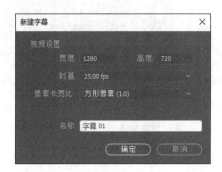

图 10-112 · · · · · · · · · · · · · · · · · 图 10-113

STEP 4 展开"填充"栏，将"颜色"选项设置为蓝色（2、175、232）。展开"阴影"栏，将阴影颜色设置为白色，其他选项的设置如图 10-114 所示，字幕效果如图 10-115 所示。用相同的方法制作"字幕 02"。

图 10-114 · · · · · · · · · · · · · · · · · 图 10-115

STEP 5 选择"文件 > 新建 > 旧版标题"命令，弹出"新建字幕"对话框，选项的设置如图 10-116 所示，单击"确定"按钮，弹出"字幕"编辑面板。选择"旧版标题工具"面板中的"椭圆"工具 ⬭，在"字幕"编辑面板中绘制圆形。在"旧版标题属性"面板中设置填充颜色为橙色（237、150、26），"字幕"编辑面板中的效果如图 10-117 所示。

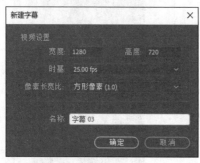 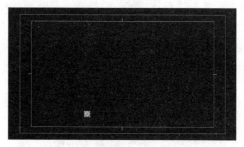

图 10-116   图 10-117

2. 编辑素材并添加效果

STEP 1 在"项目"面板中选中"01"文件并将其拖曳到"时间轴"面板的"视频 1"轨道上，弹出"剪辑不匹配警告"对话框，如图 10-118 所示，单击"保持现有设置"按钮，在保持现有序列设置的情况下将"01"文件放置在"视频 1"轨道中，如图 10-119 所示。

图 10-118   图 10-119

STEP 2 选择"剪辑 > 速度/持续时间"命令，弹出"剪辑速度/持续时间"对话框，选项的设置如图 10-120 所示，单击"确定"按钮，"时间轴"面板如图 10-121 所示。

 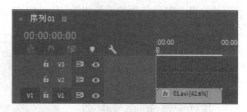

图 10-120   图 10-121

STEP 3 将时间指示器放置在 22:09s 的位置，将鼠标指针放在"01"文件的结束位置，当鼠标指针呈 ◀ 时，向前拖曳鼠标到 22:09s 的位置上，如图 10-122 所示。用相同的方法在"时间轴"面板中添加其他文件，并调整各自的播放时间，如图 10-123 所示。

图 10-122

图 10-123

STEP 4 将时间指示器放置在 0s 的位置。选中"时间轴"面板中的"01"文件。选择"窗口 > 效果"命令,弹出"效果"面板,展开"视频效果"分类选项,单击"过时"文件夹前面的三角形按钮 将其展开,选中"亮度曲线"特效,如图 10-124 所示。

STEP 5 将"亮度曲线"特效拖曳到"时间轴"面板中的"01"文件上。在"效果控件"面板中展开"亮度曲线"特效,在"亮度波形"框中添加节点并将其拖曳到适当的位置,其他选项的设置如图 10-125 所示。

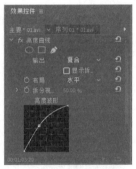

图 10-124

图 10-125

STEP 6 选中"时间轴"面板中的"04"文件。将时间指示器放置在 37:09s 的位置,在"效果控件"面板中展开"运动"选项,将"缩放"选项设置为 180.0,单击"缩放"选项左侧的"切换动画"按钮 ,记录第 1 个动画关键帧,如图 10-126 所示。将时间指示器放置在 41:17s 的位置,将"缩放"选项设置为 162.0,记录第 2 个动画关键帧,如图 10-127 所示。

图 10-126

图 10-127

STEP 7 选中"时间轴"面板中的"07"文件。将时间指示器放置在 51:18s 的位置,在"效果控件"面板中展开"运动"选项,将"位置"选项设置为 330.0 和 360.0,"缩放"选项设置为 162.0,单击选项左侧的"切换动画"按钮 ,记录第 1 个动画关键帧,如图 10-128 所示。将时间指示器放置在

01:03:20s 的位置，将"位置"选项设置为 940.0 和 360.0，记录第 2 个动画关键帧，如图 10-129 所示。

图 10-128   图 10-129

STEP ⬇ 8 在"效果"面板中展开"视频过渡"分类选项，单击"溶解"文件夹前面的三角形按钮 ⏵，将其展开，选中"交叉溶解"特效，如图 10-130 所示。将"交叉溶解"特效拖曳到"时间轴"面板中的"01"文件的结束位置和"02"文件的开始位置，如图 10-131 所示。

图 10-130   图 10-131

STEP ⬇ 9 选择"时间轴"面板中的"交叉溶解"特效。在"效果控件"面板中，将"持续时间"选项设置为 04:00，如图 10-132 所示，"时间轴"面板如图 10-133 所示。用相同的方法为其他文件添加适当的切换特效，效果如图 10-134 所示。

图 10-132   图 10-133

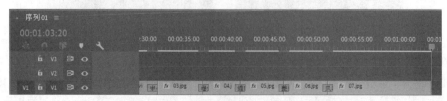

图 10-134

STEP 10 将时间指示器放置在 0s 的位置，在"项目"面板中选中"08"文件并将其拖曳到"时间轴"面板中的"视频 2"轨道上，如图 10-135 所示。选中"时间轴"面板中的"08"文件。将时间指示器放置在 0s 的位置，在"效果控件"面板中展开"运动"选项，将"位置"选项设置为 714.0 和 645.0，"缩放"选项设置为 85.0，如图 10-136 所示。

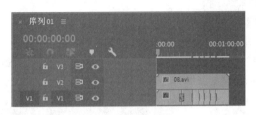

图 10-135　　　　　　　　　　　图 10-136

STEP 11 将时间指示器放置在 10:00s 的位置。在"效果控件"面板中展开"不透明度"选项，将"不透明度"选项设置为 0.0%，记录第 1 个动画关键帧，如图 10-137 所示。将时间指示器放置在 11:00s 的位置。将"不透明度"选项设置为 100.0%，记录第 2 个动画关键帧，如图 10-138 所示。

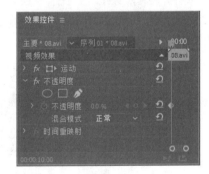
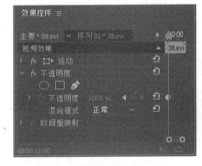

图 10-137　　　　　　　　　　　图 10-138

STEP 12 在"效果"面板中展开"视频效果"分类选项，单击"键控"文件夹前面的三角形按钮将其展开，选中"颜色键"特效，如图 10-139 所示。将"颜色键"特效拖曳到"时间轴"面板中的"08"文件上，如图 10-140 所示。

图 10-139　　　　　　　　　　　图 10-140

STEP 13 选择"文件 > 新建 > 序列"命令，弹出"新建序列"对话框，选项的设置如图 10-141 所示，单击"确定"按钮，新建序列 02，"时间轴"面板如图 10-142 所示。

图 10-141   图 10-142

STEP 14 在"项目"面板中选中"字幕 03"文件并将其拖曳到"时间轴"面板中的"视频 1"轨道上，如图 10-143 所示。将时间指示器放置在 03:00s 的位置，将鼠标指针放在"字幕 03"文件的结束位置，当鼠标指针呈 ◄ 时，向前拖曳鼠标到 03:00s 的位置上，如图 10-144 所示。

图 10-143   图 10-144

STEP 15 将时间指示器放置在 01:00s 的位置，在"项目"面板中选中"字幕 03"文件并将其拖曳到"时间轴"面板中的"视频 2"轨道上。将时间指示器放置在 03:00s 的位置，将鼠标指针放在"字幕 03"文件的结束位置，当鼠标指针呈 ◄ 时，向前拖曳鼠标到 03:00s 的位置上，如图 10-145 所示。用相同的方法再次在"视频 3"轨道上添加"字幕 03"文件，如图 10-146 所示。

图 10-145   图 10-146

STEP 16 将时间指示器放置在 01:00s 的位置。选中"时间轴"面板中"视频 2"轨道上的"字幕 03"文件。在"效果控件"面板中展开"运动"选项，将"位置"选项设置为 684.0 和 360.0，如图 10-147 所示。将时间指示器放置在 02:00s 的位置。选中"时间轴"面板中"视频 3"轨道上的"字幕 03"文件。在"效果控件"面板中展开"运动"选项，将"位置"选项设置为 729.0 和 360.0，如图 10-148 所示。

图 10-147　　　　　　　　　　　　　图 10-148

STEP 17 将时间指示器放置在 10:00s 的位置，在"时间轴"面板中选取"序列 01"。在"项目"面板中选中"序列 02"文件并将其拖曳到"时间轴"面板的"视频 3"轨道中，如图 10-149 所示。选择"序列 > 添加轨道"命令，在弹出的"添加轨道"对话框中进行设置，如图 10-150 所示，单击"确定"按钮，在"时间轴"面板中添加 2 条视频轨道。

图 10-149　　　　　　　　　　　　　图 10-150

STEP 18 将时间指示器放置在 04:00s 的位置，在"项目"面板中选中"字幕 02"文件并将其拖曳到"时间轴"面板中的"视频 4"轨道上，如图 10-151 所示。将时间指示器放置在 10:00s 的位置，将鼠标指针放在"字幕 02"文件的结束位置，当鼠标指针呈┫时，向后拖曳鼠标到 10:00s 的位置上，如图 10-152 所示。用相同的方法添加"字幕 01"文件到"时间轴"面板中，如图 10-153 所示。

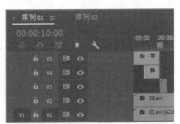

图 10-151　　　　　　　　图 10-152　　　　　　　　图 10-153

STEP 19 在"效果"面板中展开"视频过渡"分类选项，单击"擦除"文件夹前面的三角形按钮▶将其展开，选中"划出"特效，如图 10-154 所示。将"划出"特效拖曳到"时间轴"面板中的"字幕01"文件的开始位置。在"时间轴"面板中选取"划出"特效，在"效果控件"面板中将"持续时间"选项设置为 03:23，如图 10-155 所示。

图 10-154   图 10-155

3. 添加并编辑音频

STEP 1 将时间指示器放置在 0s 的位置，在"项目"面板中选中"09"文件并将其拖曳到"时间轴"面板中的"音频 1"轨道上。将鼠标指针放在"09"文件的结束位置，当鼠标指针呈◀时，向前拖曳鼠标到"01"文件的结束位置上，如图 10-156 所示。在"效果控件"面板中，将"级别"选项设置为 -100.0dB，记录第 1 个动画关键帧，如图 10-157 所示。

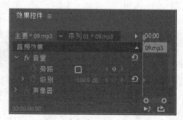

图 10-156   图 10-157

STEP 2 将时间指示器放置在 04:00s 的位置，将"级别"选项设为 0.0dB，记录第 2 个动画关键帧，如图 10-158 所示。将时间指示器放置在 01:00:20s 的位置，单击"级别"选项右侧的"添加/移除关键帧"按钮◎，记录第 3 个动画关键帧，如图 10-159 所示。

STEP 3 将时间指示器放置在 01:03:20s 的位置，将"级别"选项设置为 -200.0dB，记录第 4 个动画关键帧，如图 10-160 所示。音乐歌曲 MV 制作完成。

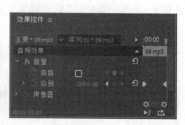

图 10-158   图 10-159   图 10-160

10.4 环保宣传片

10.4.1 案例分析

星旅电视台是一家旅游电视台，强调在宏观上的专业旅游频道特征与在微观上的满足观众娱乐需要的节目特征之间的高度统一性，以旅游资讯为主线，时尚、娱乐并重。为了配合电视台大力宣传环保行动，工作人员需要制作环保宣传片，要求符合环保主题，体现低碳、节能的绿色生活。

主要的设计思路为：使用天空和大海作为背景，烘托舒适辽阔的氛围，给人以干净清新的感觉；使用不同种类的绿色作为设计主体色，点明宣传的主题；将人物与自然完美融合，使主题突出、引人深省；整体表现形式层次分明，能够引起人们的共鸣。

本例将使用"导入"命令导入素材文件，使用"速度/持续时间"命令调整素材文件的速度和持续时间，使用"效果控件"面板编辑视频文件并制作动画，使用"效果"面板添加素材文件之间的过渡特效。环保宣传片效果如图 10-161 所示。

图 10-161

环保宣传片

10.4.2 案例设计

资源包/Ch10/环保宣传片/环保宣传片.prproj。

10.4.3 案例制作

STEP 1 启动 Premiere Pro CC 2019 软件，选择"文件 > 新建 > 项目"命令，弹出"新建项目"对话框，如图 10-162 所示，单击"确定"按钮，新建项目。选择"文件 > 新建 > 序列"命令，弹出"新建序列"对话框，单击"设置"选项卡，设置图 10-163 所示参数，单击"确定"按钮，新建序列。

STEP 2 选择"文件 > 导入"命令，弹出"导入"对话框，选择资源包中的"Ch10/环保宣传片/素材"路径下的"01"～"10"文件，如图 10-164 所示，单击"打开"按钮，将素材文件导入"项目"面板中，如图 10-165 所示。

图 10-162

图 10-163

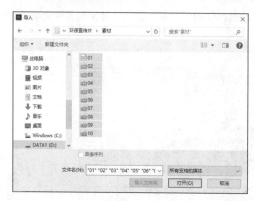

图 10-164

图 10-165

STEP 3 在"项目"面板中，选中"01"文件并将其拖曳到"时间轴"面板的"视频 1"轨道中，在弹出的"剪辑不匹配警告"对话框中单击"保持现有设置"按钮，在保持现有序列设置的情况下将"01"文件放置在"视频 1"轨道中，如图 10-166 所示。

STEP 4 选中"时间轴"面板中的"01"文件，选择"剪辑 > 速度/持续时间"命令，在弹出的"剪辑速度/持续时间"对话框中进行设置，如图 10-167 所示，单击"确定"按钮，效果如图 10-168 所示。

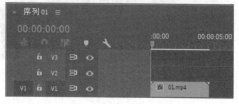

图 10-166

图 10-167

图 10-168

STEP 5 将时间标签放置在 01:01s 的位置上,在"项目"面板中,选中"03"文件并将其拖曳到"时间轴"面板的"视频 2"轨道中,如图 10-169 所示。将鼠标指针放在"03"文件的结束位置并单击,显示编辑点。当鼠标指针呈 ◄| 时,向左拖曳指针到"01"文件的结束位置,如图 10-170 所示。

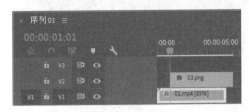

图 10-169

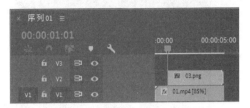

图 10-170

STEP 6 选择"效果控件"面板,展开"运动"选项,将"位置"选项设置为 638.0 和 694.8,"缩放"选项设置为 163.0,单击"位置"选项左侧的"切换动画"按钮 ⏱,如图 10-171 所示,记录第 1 个动画关键帧。将时间标签放置在 01:17s 的位置上,在"效果控件"面板中,将"位置"选项设置为 638.0 和 511.8,如图 10-172 所示,记录第 2 个动画关键帧。

图 10-171

图 10-172

STEP 7 将时间标签放置在 00:11s 的位置上,在"项目"面板中,选中"02"文件并将其拖曳到"时间轴"面板的"视频 3"轨道中,如图 10-173 所示。选中"时间轴"面板中的"02"文件,选择"效果控件"面板,展开"运动"选项,将"位置"选项设置为 640.0 和 613.2,"缩放"选项设置为 163.0,如图 10-174 所示。

图 10-173

图 10-174

STEP 8 选择"序列 > 添加轨道"命令,在弹出的"添加轨道"对话框中进行设置,如图 10-175

所示，单击"确定"按钮，添加7条视频轨道，如图10-176所示。

图10-175

图10-176

STEP **9** 将时间标签放置在01:08s的位置上，在"项目"面板中，选中"04"文件并将其拖曳到"时间轴"面板的"视频4"轨道中，如图10-177所示。将鼠标指针放在"04"文件的结束位置并单击，显示编辑点。当鼠标指针呈◀时，向左拖曳指针到"02"文件的结束位置，如图10-178所示。

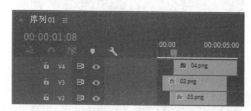

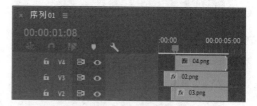

图10-177

图10-178

STEP **10** 选择"效果控件"面板，展开"运动"选项，将"位置"选项设置为-203.6和505.2，"缩放"选项设置为150.0，单击"位置"选项左侧的"切换动画"按钮 ⏱，如图10-179所示，记录第1个动画关键帧。将时间标签放置在02:01s的位置上，将"位置"选项设置为168.4和505.2，如图10-180所示，记录第2个动画关键帧。

图10-179

图10-180

STEP **11** 将时间标签放置在02:04s的位置上。选择"效果控件"面板，展开"不透明度"选项，单击"不透明度"选项右侧的"添加/移除关键帧"按钮 ◎，如图10-181所示，记录第1个动画关键帧。

将时间标签放置在 02:05s 的位置上，将"不透明度"选项设置为 50.0%，如图 10-182 所示，记录第 2 个动画关键帧。

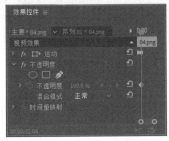

图 10-181　　　　　　　　　　　　图 10-182

STEP 12 将时间标签放置在 02:06s 的位置上，将"不透明度"选项设置为 100.0%，如图 10-183 所示，记录第 3 个动画关键帧。将时间标签放置在 02:08s 的位置上，将"不透明度"选项设置为 50.0%，如图 10-184 所示，记录第 4 个动画关键帧。

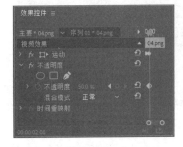

图 10-183　　　　　　　　　　　　图 10-184

STEP 13 将时间标签放置在 02:09s 的位置上，将"不透明度"选项设置为 100.0%，如图 10-185 所示，记录第 5 个动画关键帧。用相同的方法在"时间轴"面板中添加"05"～"08"文件，并制作动画效果，如图 10-186 所示。

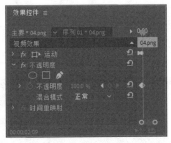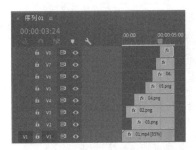

图 10-185　　　　　　　　　　　　图 10-186

STEP 14 将时间标签放置在 04:05s 的位置上，在"项目"面板中，选中"09"文件并将其拖曳到"时间轴"面板的"视频 9"轨道中，如图 10-187 所示。将鼠标指针放在"09"文件的结束位置并单击，显示编辑点。当鼠标指针呈 ◄ 时，向左拖曳指针到"08"文件的结束位置，如图 10-188 所示。

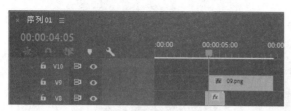

图 10-187　　　　　　　　　　　　　　　　　　　图 10-188

STEP↘15 选择"时间轴"面板中的"09"文件。选择"效果控件"面板，展开"运动"选项，将"位置"选项设置为 174.1 和 99.1，"缩放"选项设置为 20.0，"旋转"选项设置为 30.0°，单击"位置""缩放""旋转"选项左侧的"切换动画"按钮⏱，如图 10-189 所示，记录第 1 个动画关键帧。将时间标签放置在 05:01s 的位置上，在"效果控件"面板中，将"位置"选项设置为 325.9 和 106.8，"缩放"选项设置为 50.0，"旋转"选项设置为 15.0°，如图 10-190 所示，记录第 2 个动画关键帧。

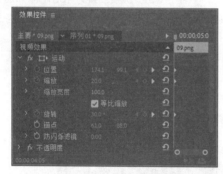

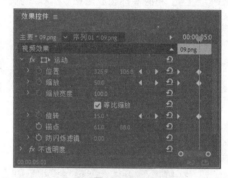

图 10-189　　　　　　　　　　　　　　　　　　　图 10-190

STEP↘16 将时间标签放置在 05:10s 的位置上，在"效果控件"面板中，将"位置"选项设置为 324.0 和 146.0，"缩放"选项设置为 100.0，"旋转"选项设置为 0.0°。如图 10-191 所示，记录第 3 个动画关键帧。将时间标签放置在 04:05s 的位置上，在"项目"面板中，选中"10"文件并将其拖曳到"时间轴"面板的"视频 10"轨道中。将鼠标指针放在"10"文件的结束位置并单击，显示编辑点。当鼠标指针呈◀时，向左拖曳指针到"09"文件的结束位置，如图 10-192 所示。

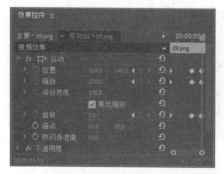

图 10-191　　　　　　　　　　　　　　　　　　　图 10-192

STEP↘17 选中"时间轴"面板中的"10"文件，选择"效果控件"面板，展开"运动"选项，将"位置"选项设置为 1038.5 和 443.1，"缩放"选项设置为 20.0，"旋转"选项设置为 30.0°，单击"位置""缩放""旋转"选项左侧的"切换动画"按钮⏱，如图 10-193 所示，记录第 1 个动画关键帧。将时间标签放置在 04:22s 的位置上，在"效果控件"面板中，将"位置"选项设置为 983.5 和 391.1，"缩放"选项设置为 50.0，"旋转"选项设置为 15.0°，如图 10-194 所示，记录第 2 个动画关键帧。

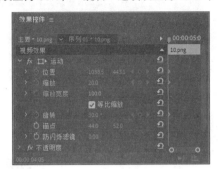 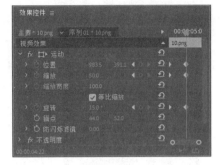

图 10-193　　　　　　　　　　　　　图 10-194

STEP 18 将时间标签放置在 05:08s 的位置上，在"效果控件"面板中，将"位置"选项设置为 951.5 和 428.1，"缩放"选项设置为 100.0，"旋转"选项设置为 0.0°，如图 10-195 所示，记录第 3 个动画关键帧。

STEP 19 选择"效果"面板，展开"视频过渡"特效分类选项，单击"滑动"文件夹前面的三角形按钮将其展开，选中"推"特效，如图 10-196 所示。将"推"特效拖曳到"时间轴"面板"视频 3"轨道中的"02"文件的开始位置，如图 10-197 所示。

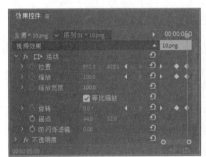  

图 10-195　　　　　　　图 10-196　　　　　　　图 10-197

STEP 20 选择"效果"面板，展开"视频过渡"特效分类选项，单击"划像"文件夹前面的三角形按钮将其展开，选中"圆划像"特效，如图 10-198 所示。将"圆划像"特效拖曳到"时间轴"面板"视频 6"轨道中的"06"文件的开始位置，如图 10-199 所示。

STEP 21 用相同的方法分别在"07"和"08"文件的开始位置添加"圆划像"和"风车"特效，如图 10-200 所示。环保宣传片制作完成。

图 10-198　　　　　　　　图 10-199　　　　　　　　图 10-200

10.5 课堂练习——玩具城纪录片

⊕ 练习知识要点

使用"效果控件"面板编辑视频并制作动画效果，使用"速度/持续时间"调整视频素材的持续时间，使用"视频过渡"特效添加视频间的切换，使用"颜色键"抠出魔方。玩具城纪录片效果如图10-201所示。

玩具城纪录片

图10-201

⊕ 效果所在位置

资源包/Ch10/玩具城纪录片/玩具城纪录片.prproj。

10.6 课后习题——儿童电子相册

⊕ 习题知识要点

使用"导入"命令导入素材文件，使用"位置"选项确定图片的位置，使用"缩放"选项缩放图像的大小，使用"旋转"选项制作旋转动画效果。儿童电子相册效果如图10-202所示。

儿童电子相册

图10-202

⊕ 效果所在位置

资源包/Ch10/儿童电子相册/儿童电子相册.prproj。